U0306003

2016年度

全国农业科研机构年度工作报告

中国农业科技管理研究会
农业部科技发展中心　编著

中国农业科学技术出版社

图书在版编目（CIP）数据

全国农业科研机构年度工作报告.2016年度/中国农业科技管理研究会，农业部科技发展中心编著．—北京：中国农业科学技术出版社，2017.12

ISBN 978-7-5116-3035-3

Ⅰ.①全… Ⅱ.①中… ②农… Ⅲ.①农业科学—科学研究组织机构—研究报告—中国—2016 Ⅳ.①S-242

中国版本图书馆 CIP 数据核字（2017）第 312017 号

责任编辑	张志花
责任校对	马广洋

出 版 者	中国农业科学技术出版社
	北京市中关村南大街 12 号　邮编：100081
电　　话	（010）82106636（编辑室）（010）82109702（发行部）
	（010）82109709（读者服务部）
传　　真	（010）82106631
网　　址	http://www.castp.cn
经 销 者	各地新华书店
印 刷 者	北京地大天成印务有限公司
开　　本	889 毫米 ×1194 毫米 1 /16
印　　张	8
字　　数	165 千字
版　　次	2017 年 12 月第 1 版　2017 年 12 月第 1 次印刷
定　　价	128.00 元

编辑委员会

前 言

　　为了及时反映我国农业科研机构改革与发展状况，我们根据科技部提供的地市级以上农业科研机构年度统计数据和全国省级以上农（牧、垦）业科学院征集的资料，组织编印了《全国农业科研机构年度工作报告（2016年度）》。

　　本报告分为两个部分，第一部分为基础数据汇总分析，主要反映全国地市级以上（含地市级）农业科研机构、人员、经费、课题、基本建设和固定资产、论文与专利、研究与开发活动、对外科技服务情况等数据，并附相应的图表。第二部分为省级以上农科院年度工作报告，由省级以上农业科研单位提供，主要反映省级以上农业科研机构的基本情况和年度科研工作取得的成效。

　　本报告旨在加强宣传与交流，为各级农业主管部门以及广大的农业科技工作者研究、分析和掌握科研机构的工作成效提供翔实资料和依据。由于经验不足，水平有限，不当之处敬请谅解。

编　者

2017 年 11 月

目 录

第一部分｜统计数据分析

一 机构

2016 年全国地市级以上（含地市级）农业部门属全民所有制独立研究与开发机构（不含科技情报机构，以下简称"科研机构"）共有 993 个，绝对数比上年减少 56 个。其中部属科研机构 52 个（其中 5 个研究所统计数据全部为 0）；省属科研机构 436 个，比上年减少 27 个；地市属科研机构 505 个，绝对数比上年减少 24 个。部属、省属和地市属科研机构数量分别占科研机构总数的 5.24%、43.91%、50.85%。种植业绝对数比上年减少 18 个、畜牧业绝对数与上年减少 12 个、渔业绝对数比上年减少 5 个、农垦绝对数比上年减少 8 个、农机化绝对数比上年减少 13 个。种植业、畜牧业、渔业、农垦、农机化科研机构分别占科研机构总数的 62.33%、12.49%、9.87%、4.23%、11.08%（图 1-1 至图 1-8）。

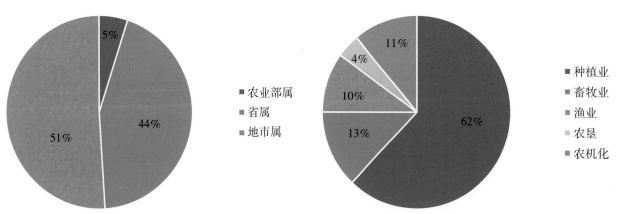

图 1-1　农业部属、省属和地市属科研机构数量比重　　　图 1-2　各行业在科研机构中所占的比重

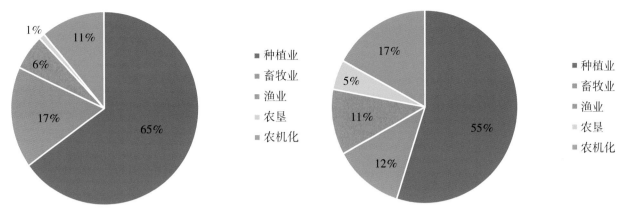

图1-3　华北地区各行业在科研机构中所占的比重　　　　图1-4　东北地区各行业在科研机构中所占的比重

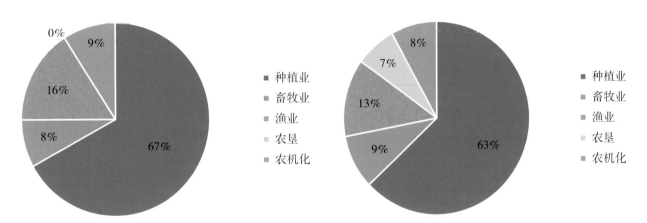

图1-5　华东地区各行业在科研机构中所占的比重　　　　图1-6　中南地区各行业在科研机构中所占的比重

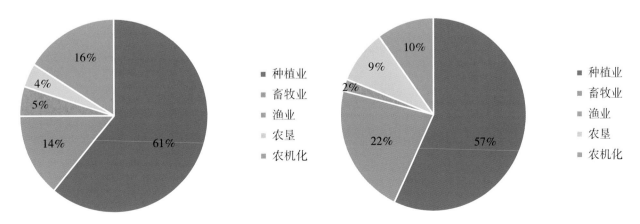

图1-7　西南地区各行业在科研机构中所占的比重　　　　图1-8　西北地区各行业在科研机构中所占的比重

二 人员

1. 全国农业科研机构人员构成情况

2016 年，全国农业科研机构职工及从事科技活动人员分别为 8.38 万人和 6.69 万人。科研机构职工人数同比减少了 6.19%，从事科技活动人员同比减少了 3.78%。在从事科技活动人员中，科技管理人员占 15.31%，比上年减少了 0.34%；课题活动人员占 66.93%，比上年增加了 0.48%；科技服务人员占 17.75%，比上年减少了 0.15%。在从业人员中，从事生产经营活动人员占 8.16%，比上年减少了 1.02%。离退休人员比上年增加了 0.60%。农业部属科研机构职工占从业人员的 14.30%，比上年减少了 0.07%；省属科研机构职工占从业人员的 51.10%，比上年增加了 0.85%；地市属科研机构职工占从业人员的 34.60%，比上年减少了 0.78%。从行业来看，种植业科研机构职工最多，占从业人员的 66.86%；农机化科研机构职工最少，占从业人员的 5.24%（图 1-9 至图 1-11）。

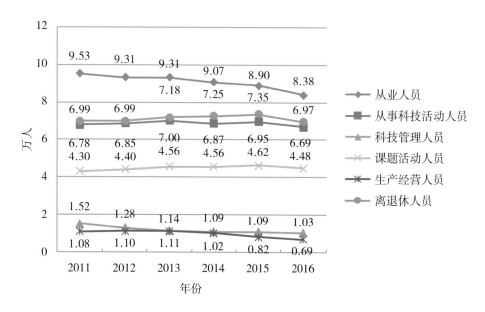

图 1-9 2011—2016 年全国农业科研机构人员变化趋势

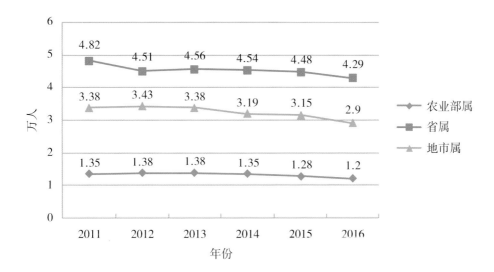

图 1-10 2011—2016 年农业部属、省属、地市属农业科研机构人员变化趋势

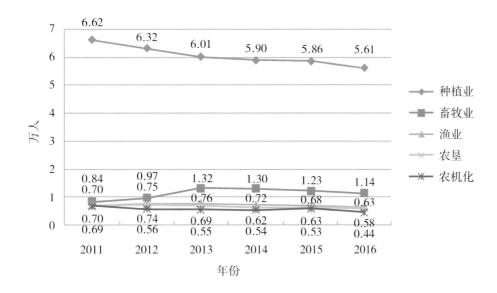

图 1-11 2011—2016 年从事种植业、畜牧业、渔业、农垦、农机化科研机构人员变化趋势

2. 全国农业科研机构从事科技活动人员学位、学历和职称情况

2016年全国农业科研机构从事科技活动的人员总数为6.69万人，比上年同比减少了3.78%。其中，具有大专及其以上学历的有5.99万人，占从事科技活动总人数的89.61%，比上年增加1.38%。具有中高级职称人员4.61万人，占从事科技活动总人数的68.90%，比上年增加2.42%。高级、中级和初级职称人员数量比例为1∶0.95∶0.44（图1-12、图1-13）。

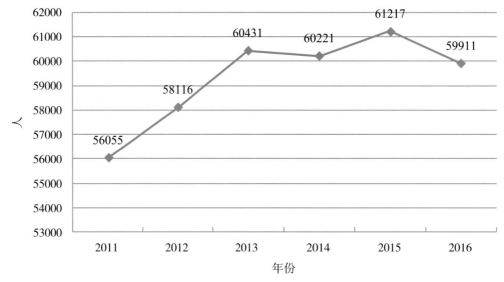

图1-12 2011—2016年具有大专及以上学历人员变化趋势

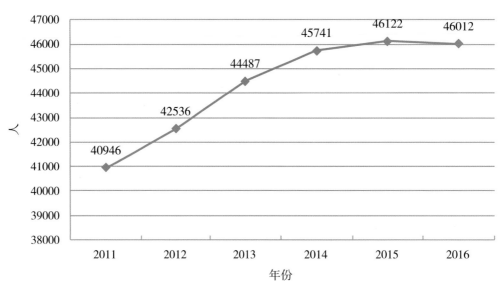

图1-13 2011—2016年具有中高级职称人员变化趋势

3. 全国农业科研机构人员流动情况

2016 年全国农业科研机构新增人员 3499 人，比上年同比减少 3.43%。其中应届高校毕业生占新增人员的 40.70%，比上年减少 7.16%。新增人员主要集中在省属机构中，占 53.24%。同年，减少人员 3812 人，主要为离退休人员，占减少人员总数的 55.67%；其次是流向企业和研究院所，分别占减少人员总数的 6.35% 和 7.50%，流向企业和研究院所的以省属机构人员为主，分别占到 67.77% 和 57.34%（图 1-14、图 1-15）。

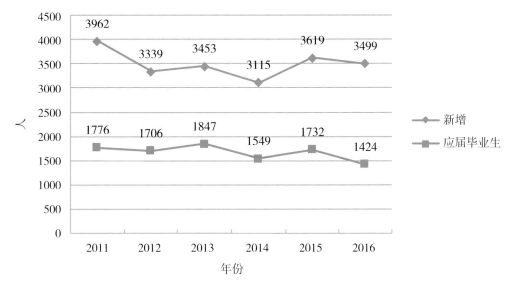

图 1-14　2011—2016 年全国农业科研机构新增人员与新增人员中应届高校毕业生的变化趋势

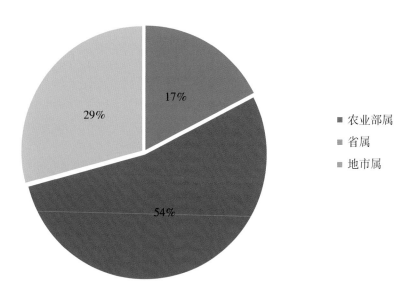

图 1-15　2016 年农业部属、省属、地市属农业科研机构新增人员的比重

三 经费

1. 全国农业科研机构经常费收入情况

2016 年全国农业科研机构总收入 308.59 亿元,比上年同比增长了 5.04%。国家对农业科技投入为 236.07 亿元,占年总收入的 76.50%,比上年增长 4.56%。非政府资金收入为 33.75 亿元,占年总收入的 10.94%,比上年增加 0.18%。部属科研机构年总收入比上年同比增加 8.23%,其中国家拨款占部属科研机构年总收入的 75.39%,生产经营收入占部属机构年总收入的 1.66%。就行业来看,政府拨款中种植业占的比重最大,为 67.05%(图1-16)。

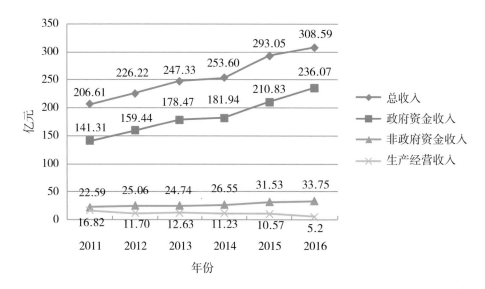

图 1-16 2011—2016 年全国农业科研机构收入状况的变化趋势

2. 全国农业科研机构经常费支出

2016 年全国农业科研机构经费内部支出总计 271.08 亿元，比上年同比减少了 0.36%。从整个支出项目来看，科技活动支出最多，占总支出的 82.80%（图 1-17）。

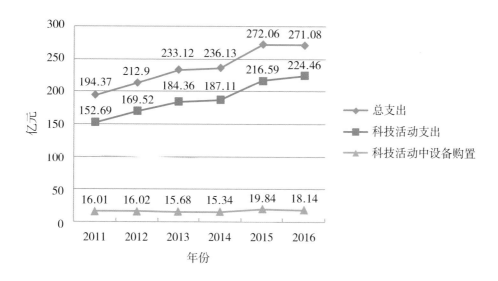

图 1-17　2011—2016 年全国农业科研机构经费内部支出状况的变化趋势

四 基本建设和固定资产情况

2016 年全国农业科研机构基本建设投资实际完成额 30.79 亿元，比上年同比增加 5.63%，其中科研土建工程实际完成额所占比重最大，占基本建设总投资额的 53.27%，比上年减少 5.99%。科研基建完成额 28.30 亿元，比上年同比增加 7.31%，其中政府拨款 21.12 亿元，占科研基建的 74.62%，比上年增加 3.10%。从行业来看，种植业的基本建设投资实际完成额所占比重最大，占 59.57%，但比上年减少 3.39%。

2016 年全国农业科研机构年末固定资产原价 337.55 亿元，比上年同比增加 6.90%。其中科研房屋建筑物 123.83 亿元，占固定资产的 36.68%，比上年增加 0.19%；科研仪器设备 133.57 亿元，占固定资产的 39.57%，比上年增加 1.63%（图 1-18 至图 1-25）。

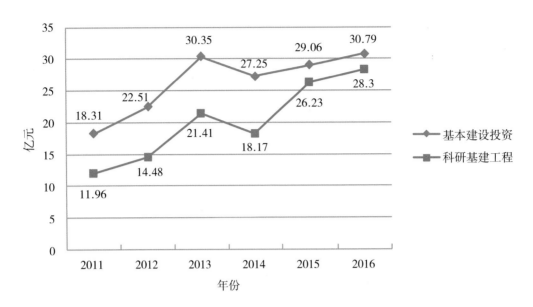

图 1-18　2011—2016 年全国农业科研机构基本建设投资与科研基建工程实际完成额的变化趋势

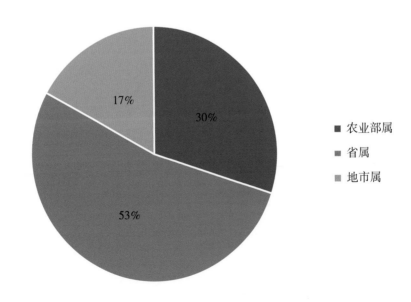

图 1-19　2016 年农业部属、省属、地市属科研机构基本建设投资实际完成额的比重

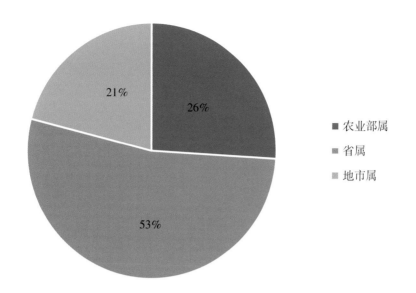

图 1-20　2016 年农业部属、省属、地市属科研机构科研土建工程实际完成额的比重

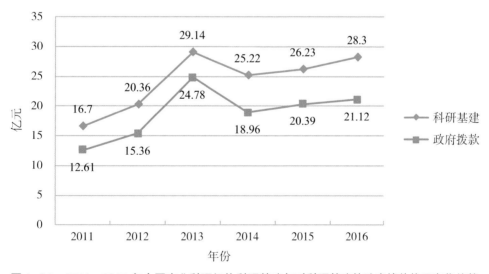

图 1-21　2011—2016 年全国农业科研机构科研基建与对科研基建的政府拨款状况变化趋势

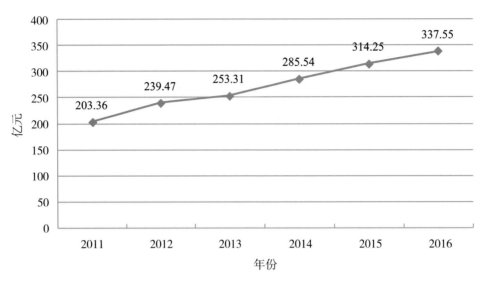

图 1-22　2011—2016 年全国农业科研机构年末固定资产原价的变化趋势

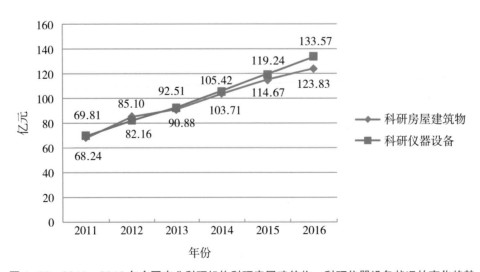

图 1-23　2011—2016 年全国农业科研机构科研房屋建筑物、科研仪器设备状况的变化趋势

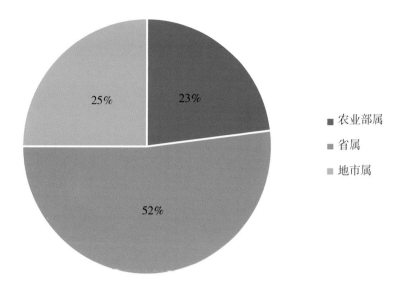

图 1-24　2016 年农业部属、省属、地市属农业科研机构科研
房屋建筑物年末固定资产原价所占比重

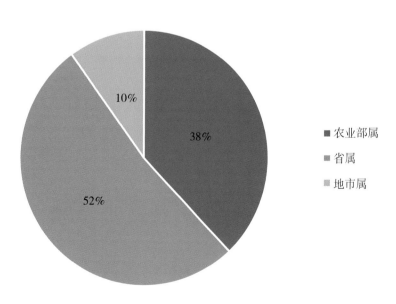

图 1-25　2016 年农业部属、省属、地市属农业科研机构科研
仪器设备年末固定资产原价所占比重

五 课题

　　根据"北京市科学技术委员会关于开展北京地区2016年度科技统计调查工作的通知"
（京科发〔2017〕8号）要求，2017年课题统计内容调整，2016年全国农业科研机构课题数
量比上年同比减少5.06%。课题经费内部支出101.43亿元，比上年同比增长4.32%。投入
人力折合全时工作量约为4.93万人年。在开展的课题中，试验发展类课题数量最多，占课
题总数的38.63%；其投入经费也最多，占经费内部支出的47.02%，比上年增加1.74%。
（图1-26至图1-33）。

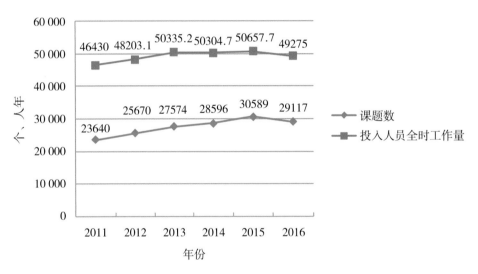

图1-26　2011—2016年全国农业科研机构课题数量与投入人员的变化趋势

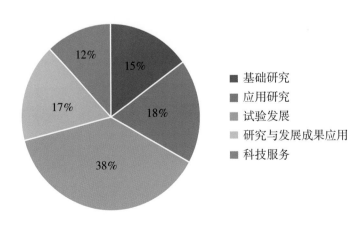

图1-27　2016年农业科研机构不同类型课题的课题数量与投入人员所占比重

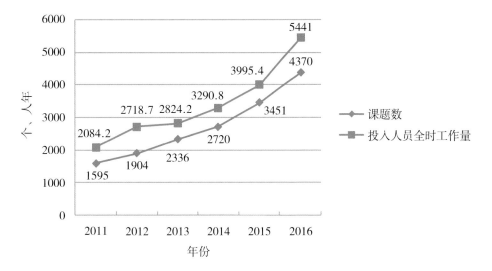

图1 28 2011—2016年农业科研机构中基础研究课题数量与投入人员的变化趋势

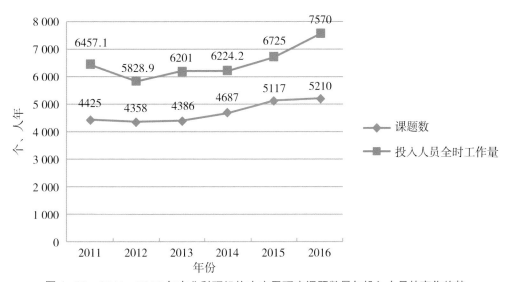

图1-29 2011—2016年农业科研机构中应用研究课题数量与投入人员的变化趋势

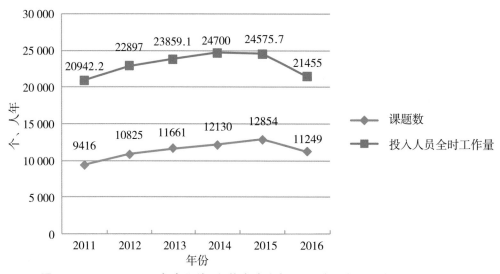

图 1-30　2011—2016 年农业科研机构中试验发展课题数量与投入人员的变化趋势

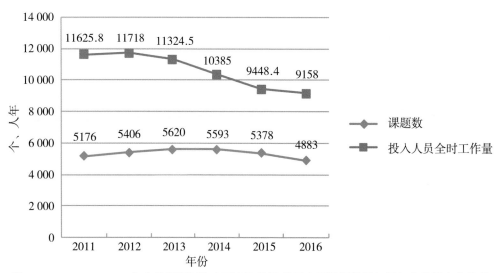

图 1-31　2011—2016 年农业科研机构中研究和发展成果应用课题数量与投入人员的变化趋势

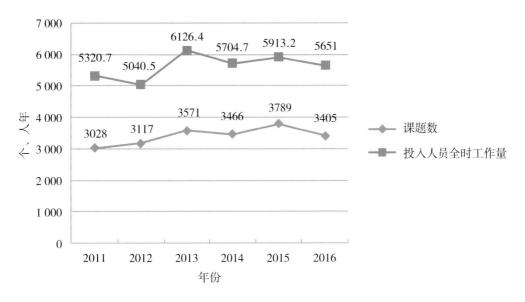

图 1-32　2011—2016 年农业科研机构中科技服务课题数量与投入人员的变化趋势

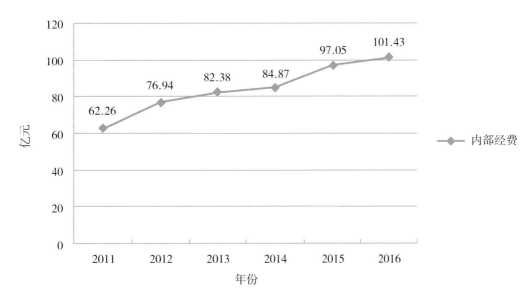

图 1-33　2011—2016 年全国农业科研机构课题经费内部支出的变化趋势

六 论文与专利

2016 年全国农业科研机构发表科技论文数量比上年同比增长 1.43%，其中在国外发表的论文数量占发表论文总数量的 18.43%，比上年增加 1.82%。出版的科技著作同比增长 7.94%。

2016 年全国农业科研机构专利申请受理总数比上年同比增加 9.32%，专利授权数量比上年同比增加 4.96%（图 1-34 至图 1-36）。

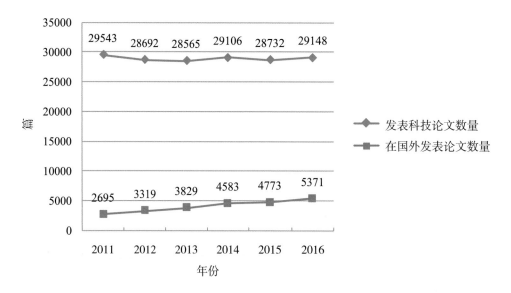

图 1-34　2011—2016 年全国农业科研机构发表科技论文数量及在国外发表论文数量的变化趋势

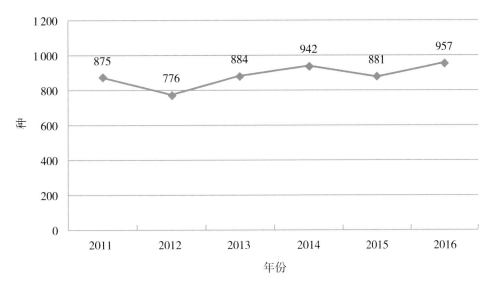

图 1-35　2011—2016 年全国农业科研机构出版科技著作的变化趋势

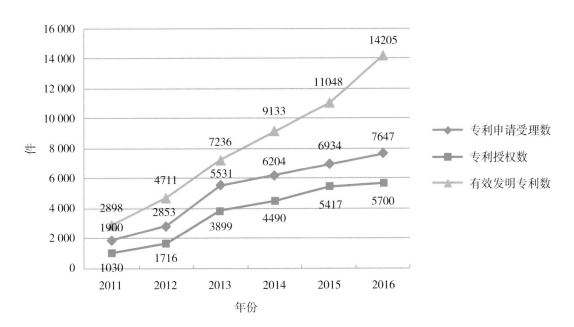

图 1-36　2011—2016 年全国农业科研机构专利申请受理数和授权数的变化趋势

七 R&D 活动情况

1. 全国农业科研机构 R&D 人员及工作量情况

2016 年全国农业科研机构 R&D 人员比 2015 年同比减少 0.51%，具有本科及其以上学历的人员 40 786 人，占总人数的 81.04%，比 2015 年增加 0.32%。R&D 人员折合全时工作量 4.31 万人年，比上年同比减少 3.62%，其中研究人员折合全时工作量 2.69 万人年，占总数的 62.26%（图 1-37、图 1-38）。

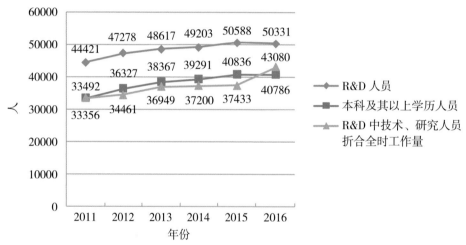

图 1-37　2011—2016 年全国农业科研机构 R&D 人员及其以上学历人员和 R&D 中技术、
研究人员折合全时工作量的变化趋势

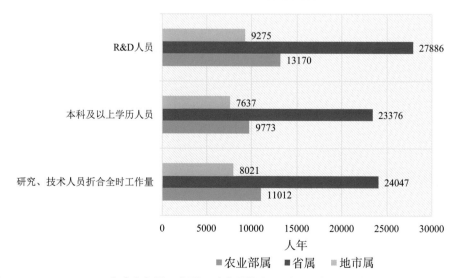

图 1-38　2011—2016 年农业部属、省属、地市属的农业科研机构 R&D 人员折合全时工作量
和研究、技术人员折合全时工作量的变化趋势

2. 全国农业科研机构 R&D 经费支出情况

2016 年全国农业科研机构 R&D 经费内部支出 147.65 亿元，比上年同比增加 5.27%。其中经常费支出最多，为 132.39 亿元，占总支出的 89.66%，比上年减少 0.20%；经常费支出中，试验发展费支出最多，占经常费支出的 63.96%，比上年减少 4.38%；其次是应用研究经费支出，占经常费支出的 22.40%，比上年增加 1.58%；基础研究经费支出最少，占经常费支出的 13.64%，比上年增加 2.80%。从隶属关系来看，省属机构 R&D 活动经费内部支出最大，占总经费内部支出的 56.43%；从行业来看，种植业科研机构 R&D 活动经费内部支出最多，占总经费内部支出的 69.12%，比上年增加 0.97%（图 1-39 至图 1-42）。

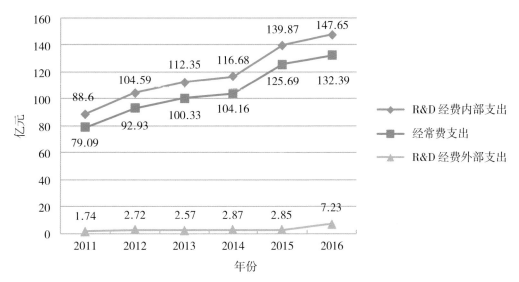

图 1-39　2011—2016 年全国农业科研机构 R&D 经费内部支出、经常费支出和 R&D 经费外部支出的变化趋势

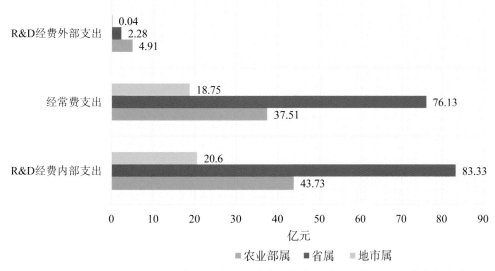

图 1-40　2011—2016 年农业部属、省属、地市属的农业科研机构 R&D 经费内部支出、经常费支出和 R&D 经费外部支出的变化趋势

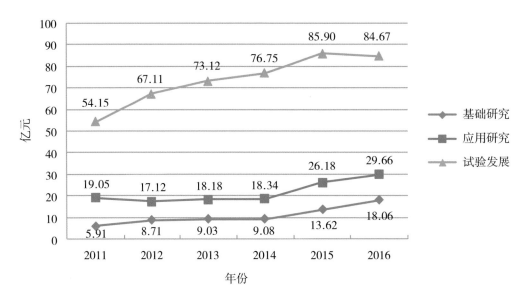

图 1-41　2011—2016 年全国农业科研机构试验发展、应用研究和基础研究经费支出的变化趋势

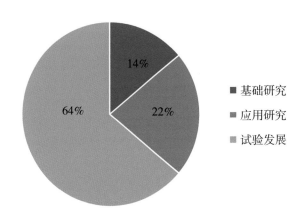

图 1-42　2016 年全国农业科研机构试验发展、应用研究和基础研究经费的支出比重

八　对外科技服务活动情况

　　2016 年全国农业科研机构开展对外科技服务活动工作总量 3.20 万人年，比上年同比增加 7.75%，其中科技成果的示范性推广工作量比较大，占科技服务活动工作总量的 38.14%。从隶属关系看，省属科研机构对外科技服务量最大，占科技服务工作量的 46.11%；从行业看，种植业对外科技服务量最大，占科技服务活动总量的 66.91%；在部属"三院"中，中国农业科学院开展对外科技服务活动工作总量最大，占部属"三院"开展对外科技服务活动工作量的 43.50%（图 1-43 至图 1-46）。

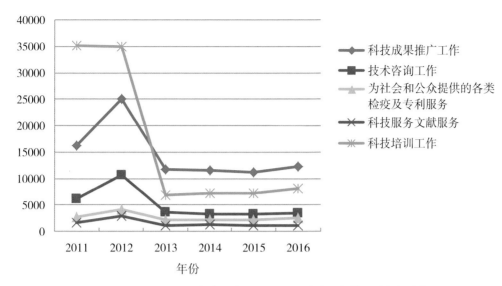

图 1-43 2011—2016 年全国农业科研机构对外服务情况的变化趋势

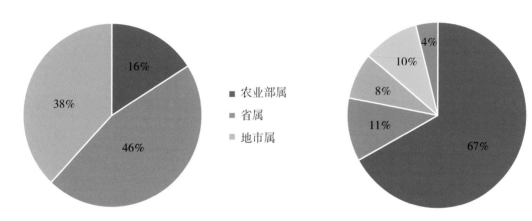

图 1-44 2016 年农业部属、省属、地市属农业科研机构
对外服务情况的所占比重

图 1-45 2016 年不同行业农业科研机构
对外服务情况所占比重

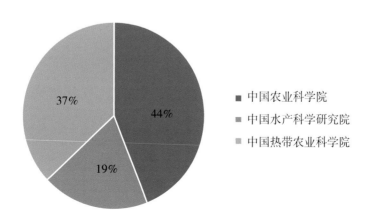

图 1-46 2016 年"三院"农业科研机构对外服务情况所占比重

附表 全国农业科技情报机构统计数据

附表1 全国农业科技情报机构人员构成情况（按隶属关系分）

单位：人

	机构数量（个）	总计	从业人员							离退休人员
			小计	女性	从事科技活动人员				从事生产经营活动人员	其他人员	
					科技管理人员	课题活动人员	科技服务人员			
合 计	20	1573	1262	637	167	900	195	236	75	874
农业部属	2	703	459	207	77	318	64	228	16	394
省市属	18	870	803	430	90	582	131	8	59	480

附表2 全国农业科技情报机构从事科技活动人员学位、学历和职称情况（按隶属关系分）

单位：人

	合计	学位、学历					职称			
		博士	硕士	本科	大专	其他	高级	中级	初级	其他
合 计	1262	176	500	411	90	85	409	450	220	183
农业部属	459	100	176	101	24	58	132	146	85	96
省市属	803	76	324	310	66	27	277	304	135	87

附表3 全国农业科技情报机构经常费收入一览表（按隶属关系分）

单位：千元

	总额	本年度收入									生产经营收入	其他收入	用于科技活动贷款
		科技活动收入											
		合计	小计	政府资金				非政府资金					
					财政拨款	承担政府项目	其他	小计	技术性收入	国外资金			
合 计	527100	435546	375016	264925	98253	11838	60530	52865	174	3699	87855	0
农业部属	286512	213940	205107	149634	48050	7423	8833	8659	174	3699	68873	0
省市属	240588	221606	169909	115291	50203	4415	51697	44206	0	0	18982	0

附表 4　全国农业科技情报机构经常费支出一览表（按隶属关系分）

单位：千元

| | 总额 | 本年内部支出 | | | | | | | | 本年外部支出 |
| | | 合计 | 科技活动支出 | | | 经营活动支出 | | 其他活动支出 | | |
			人员劳务费（含工资）	设备购置费	其他日常支出	合计	经营税金			
合　计	465214	375166	152748	50587	171831	17536	813	72512		11445
农业部属	241667	195435	59723	34951	100761	12203	626	34029		11105
省市属	223547	179731	93025	15636	71070	5333	187	38483		340

附表 5　全国农业科技情报机构课题投入人员、经费情况（按隶属关系分）

| | 课题数（个） | 经费内部支出（千元） | | 本单位课题人员折合全时工作量（人年） | |
		合计	政府资金	合计	研究人员
合　计	516	123176	91784	976	602
农业部属	154	64075	41383	446	168
省市属	362	59101	50401	530	434

附表 6　全国农业科技情报机构科技著述和专利申请授权情况（按隶属关系分）

	发表科技论文（篇）	国外发表	出版科技著作（种）	专利受理数（件）		专利授权（件）	发明专利	国外授权	有效发明专利数（件）
合　计	734	59	33	71	64	8	0		26
农业部属	341	49	14	9	43	1	0		2
省市属	393	10	19	62	21	7	0		24

附表 7　全国农业科技情报机构对外科技服务情况（按隶属关系）

单位：人年

服务类别＼隶属关系	科技成果的示范性推广工作	为用户提供可行性报告、技术方案、建议及进行技术论证等技术咨询工作	地形、地质和水文考察，天文、气象和地震的日常观察	为社会和公众提供的检验、检疫、测试、标准化、计量、计算、质量控制和专利服务	科技信息文献服务	其他科技服务活动	科技培训工作	合计
合　计	109	150	0	18	136	127	76	616
农业部属	4	11	0	0	32	9	8	64
省　属	105	139	0	18	104	118	68	552

第二部分｜省级以上
农科院年度工作报告

一 农业部属科研机构

（一）中国农业科学院

中国农业科学院创立于 1957 年，是国务院批准成立的三大科学院之一，主要承担全国农业重大基础与应用基础研究、应用研究和高新技术研究任务，着力解决我国农业发展中战略性、全局性、关键性的科技问题。全院共有 34 个研究所、1 个研究生院和 1 个出版社，分布在全国 16 个省区市。现有从业人员 10 401 余人，正式职工 7 101 人，科技人员 5 743 人，两院院士 12 人；科技人员中，高级职称人员占比 49%、博士学位人员占比 41%、硕士学位人员占比 30%。在读研究生 4 600 余人，博士后流动站 10 个，在站博士后 450 余人。

2016 年，全院深入贯彻落实创新驱动发展战略和全国科技创新大会精神，紧紧围绕农业供给侧结构性改革重大需求和农业部中心工作，加快学科布局优化、项目任务凝练、科技平台建设、联盟协同创新，科技创新能力、产业支撑能力和社会影响力进一步提升。主要体现如下。

1. 科技规划引领发展

加强《中国农业科学院"十三五"科学技术发展规划》与国家有关部门规划的对接，编制发布《中国农科院"十三五"科技发展规划实施方案》，系统部署世界一流现代科研院所、科学（技术）中心、卓越团队、重点项目、平台建设等重点任务，并配套实施基础研究引导、重大项目储备、重大成果培育、重大平台推进、农业智库建设五大计划和科研管理、科技评价、协同创新、转化激励、平台共享五项机制创新。

2. 创新工程全面实施

完善创新工程人才引进、团队调整、任务凝练、经费保障、协同创新、绩效考评等管理制度，为科研团队创新良好条件、提供稳定支持。立足农业供给侧结构性改革需求，调整优化科研团队，在新兴交叉领域新增科研团队 17 个，团队总数达 332 个。加强团队协同，启动 19 项协同创新任务，实行行政、技术双总师制，推动重大协同任务的实施。

3. 创新联盟建设扎实推进

围绕推进资源共享、形成科研"一盘棋"布局，建立农作物种质资源、农业大数据与科技信息、农产品质量安全 3 个专业联盟；围绕解决产业发展技术瓶颈、推进创新"一条龙"的科研组织方式，成立奶业、棉花、马铃薯和智慧农业 4 个专业联盟；围绕推进重点区域农业重大问题，继续开展东北黑土地保护、华北地区节水保粮、南方稻米重金属污染综合防控协同创新项目，综合集成区域农业发展"一体化"技术解决方案。积极争取资金支持，农业部和中国农业科学院提供经费近 1 亿元，各地方政府通过多种形式支持区域联盟协同创新，累计资金 5.5 亿元。

4. 科研立项开局良好

2016 年全院共新增主持各级各类科技计划项目 1 868 项，合同总经费 34.7 亿元。主持"化肥农药减施"等国家重点研发计划 10 个专项 32 个项目，在农口专项中立项数占 25%，经费占 31%，充分体现了国家队优势。获国家自然科学基金资助项目 321 项、经费 1.6 亿元，再创历史新高。"棉花种质创新和高产分子育种"团队获得国家自然科学基金创新研究群体资助。明确院基本科研业务费支持重点和组织管理规范，2016 年全院共立项 1 001 项，总经费 22 816 万元，其中院级统筹项目 196 项，总经费 6 904 万元。新增多双边国际合作项目 66 项，项目经费 6 000 多万元。

5. 重大成果产出持续增长

全年共获各类科技成果奖励 111 项。其中国家奖 7 项："小麦种质资源与遗传改良创新团队"荣获农业领域第一个创新团队奖；"优质黄羽肉鸡新品种培育"等 6 项成果荣获国家科学技术进步奖二等奖。"毁灭性土传病害综合治理"等 14 项成果获全国农牧渔业丰收奖。"农产品化学污染物精准识别与检测"等 43 项成果获省级奖励。8 项专利获得中国专利优秀奖。评选出院级杰出科技创新奖 10 项、青年科技创新奖 2 项。智能 LED 植物工厂亮相全国"十二五"科技创新成就展。

全年共发表科技论文 4 722 篇，其中 SCI/EI 收录 2 158 篇，收录比例提高了 5%，在《自然·遗传》等顶尖学术期刊上发表论文 13 篇。在芥菜基因组结构和起源解析，白菜、甘蓝和油菜的重要性状调控基因挖掘，水稻 – 稻瘟菌互作过程新机制、双生病毒与植物互作机制、小菜蛾蛋白质基因组、猪瘟病毒复制机理、家畜寄生虫基因组研究等方面取得重要进展。授权专利 1 408 项，审定新品种 130 个，获得新兽药、农药、肥料登记证 11 项。持续开展水稻、玉米和奶牛等 9 个产业的绿色增产增效技术集成模式研究与示范工作，集成 140 项先进适用技术，构建 29 套综合技术生产模式，取得良好的增产增效和绿色生态效果，种植业 7 种作物平均增产 29.6%、节水 30%、节肥 26%、节省农药 23%，平均每亩增效 538 元，养殖业每头奶牛增效 1 100 元。

6. 平台建设运行有序推进

响应"一带一路"战略，成立中国农业科学院海外农业研究中心，构建以信息、技术、人才为核心，国家、地方、企业共同参与，科学研究与企业发展密切联系的集成服务平台。建立重大设施和大型仪器开放共享网络服务平台，涵括全院大型科学装置 5 处，价值在 50 万元以上的大型科学仪器设备 904 台套。完成 6 个国家重点实验室材料审查和现场考察，完成 5 个国家工程技术研究中心和 47 个农业部重点实验室（站）建设运行评估。完成"十三五"新增农业部重点实验室申报工作，共申报农业部重点实验室 27 个，公示试运行 24 个，其中综合性重点实验室 4 个，专业性重点实验室 20 个。

7. 战略研究与智库建设成效明显

编制出版《跨越"2030"农业科技发展战略》，预测提出 18 项颠覆性与重大前沿技术，

"小麦种质资源与遗传改良创新团队"荣获 2016 年国家科学技术奖创新团队奖

出版《跨越"2030"农业科技发展战略》，引领学科发展

在基础前沿、产业核心关键技术系统、区域农业可持续发展综合技术模式、农业基础性长期性工作等方面提出 38 项重大科技创新任务建议。完成"2035 粮食与经济作物科技发展战略研究"、科技发展趋势与技术预测等系列研究报告。农业经济与政策顾问团提交的多篇战略研究报告得到国家领导人重要批示，为国家宏观决策发挥了积极作用。组建院第八届学术委员会，开展系列学术咨询活动。

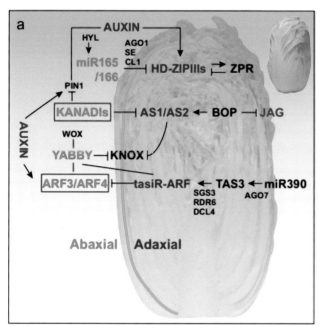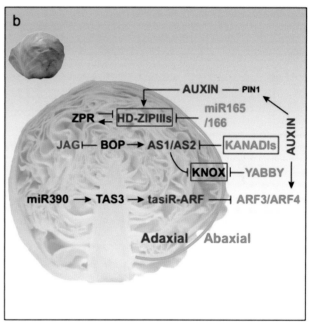

确定一批白菜类和甘蓝类蔬菜叶球形成和根（茎）膨大相关的重要基因

（二）中国水产科学研究院

中国水产科学研究院作为国家级水产科研机构，担负着全国渔业重大基础、应用研究和高新技术产业开发研究的任务。经过近40年的发展，已成为拥有13个独立科研机构及院部、5个共建科研机构，学科齐全、布局合理、在国内外具有广泛影响的国家级研究院。在解决渔业及渔业经济建设中基础性、方向性、全局性、关键性重大科技问题，以及科技兴渔、培养高层次科研人才、开展国内外渔业科技交流与合作等方面发挥着重要作用。

全院现有在职职工2 833人，编制内科技人员1 916人。其中研究生以上学历1 215人，占63.4%；高级岗位743个，占38.8%；中级岗位857个，占44.7%。基本形成了由院士、国家级专家、部级专家、院首席科学家以及中青年优秀人才组成的层次结构较为合理的科研团队。全院拥有国家实验室1个、国家地方联合工程实验室1个、2个国际参考实验室、11个部级重点实验室、9个部级科学观测试验站、6个省级重点实验室、7个省级工程

韩长赋部长到中国水产科学研究院调研指导党建和科研工作

技术研究中心、14 个院重点实验室、14 个院工程技术研究中心、95 个院功能实验室、7 个部级水产品质量安全风险评估实验室、10 个国家级和部级质量检测中心、6 个国家水产品加工技术研发中心及分中心、2 个国际水产技术培训中心、2 艘 1 000 吨级海洋科学调查船和 37 个科研试验基地。

全院研究重点为渔业资源保护与利用、渔业生态环

执行"神舟十一"发射应急救援保障任务

境、水产生物技术、水产遗传育种、水产病害防治、水产养殖技术、水产加工与产物资源利用、水产品质量安全、渔业工程与装备、渔业信息与发展战略十大研究领域。全院共取得各类科研成果 3 800 多项，有 700 多项成果获国家和省部级奖励，其中国家奖 58 项。全院以占全国水产科研单位 20% 左右的科技人员，取得占全国水产行业 50% 以上的国家级和省部级奖励。

2016 年，全院新上科研项目 861 个，合同经费 6.16 亿元。获得科技成果奖励 65 项，其中省部级 29 项；获得 2 个水产新品种审定；获得授权专利 400 项，其中发明专利 179 项；发表论文超过 1 700 篇，其中 SCI 和 EI 收录 600 余篇，在《自然·遗传》《分子生物学与进化》等国际知名期刊发表多篇重要研究论文。成功破译褐牙鲆、美丽硬仆骨舌鱼（金龙鱼）全基因组序列，从分子水平上揭示了雅罗鱼适应盐碱环境、黄鳝性逆转、乌鳢性别决定、斑节对虾卵巢发育调控等机制，突破了刀鲚全人工繁养关键技术，开发了哲罗鱼高效饲料，连续攻克了南极磷虾资源、捕捞、加工、渔情预报等方面一系列技术难关，成功研制"平战结合"新型航天器高海况海上打捞系统设备，在学术界和产业界都产生了广泛的影响。成功入选科技部创新人才培养示范基地，1 人荣获"全国优秀科技工作者"，1 人入选国家创新人才推进计划中青年科技创新领军人才，2 人入选首届农业部"杰出青年农业科学家"。2 艘 3 000 吨级渔业资源调查船完成建造合同签订，国家级海洋生物种质资源库项目获得批准立项，争取农业部重点实验室取得重要突破。

（三）中国热带农业科学院

中国热带农业科学院是隶属于农业部的国家级热带农业科研机构，创建于1954年，前身是设立于广州的华南特种林业研究所，1958年迁至海南儋州，1965年升格为华南热带作物科学研究院，1994年经批准更为现名。

全院现有15个独立法人单位，分别为：院本部、热带作物品种资源研究所、橡胶研究所、香料饮料研究所、南亚热带作物研究所、农产品加工研究所、热带生物技术研究所、环境与植物保护研究所、椰子研究所、农业机械研究所、科技信息研究所、分析测试中心、海口实验站、湛江实验站、广州实验站，分布在海南、广东两省的6个市。附属机构3个：分别为后勤服务中心、试验场、附属中小学。

全院建设运行有国家重要热带作物工程技术研究中心、海南儋州国家农业科技园区、省部共建国家重点实验室培育基地、农业部综合性重点实验室等部省级以上科技平台72个，博士后科研工作站3个，联合国粮农组织"热带农业研究培训参考中心"、国际热带农业中心合作办公室、科技部国际科技合作基地和国家创新人才培养示范基地等国际合作平台12个，建设和运行中国援刚果（布）农业技术示范中心。拥有科研试验示范基地6.8万亩。

2016年新获批建设农业部热带作物农业装备重点实验室1个，国家主要热带作物种质资源鉴定与种质创新等科学数据分中心3个、国家热带牧草育种创新基地和农业部儋州油棕种质资源圃；新获批建设广东省现代农业产业技术研发中心和广东省旱作节水农业工程技术研究中心；新建林下资源综合利用研究中心等6个应用技术院级平台和纳米技术及应用研究中心等2个基础研究院级平台。

本院牵头建设全国热带农业科技协作网，是中国热带作物学会的依托单位、农业部热带作物及制品标准化委员会等学会（协会）挂靠单位。

2016年，全院新录用人员112人，全院干部人才队伍总量达3 914人，其中在编在岗2 838人，高级专业技术人员621人，硕士及以上学历人员达到1 066人。享受政府特殊津贴专家、国家级突出贡献专家、中央联系专家、新世纪百千万人才工程国家级人选、国家"万人计划"人选及中华农业英才奖获得者等高层次人才51人次。

2016年全院在研各级各类科研课题748项，科研立项经费约1.95亿元。其中：稳定经费8 570万元（含基本业务费6 560万元，产业技术体系2 010万元），农业部部门预算项目约 2 700 万元，国家重点研发计划项目（课题）2 210 万元，国家自然科学基金 1 310 万元，广东、海南、广西等省（区）科技项目 4 453 万元。

"芒果优良品种与产业化关键技术的推广应用"等 3 项成果获得全国农牧渔业丰收奖（农业技术推广成果奖二等奖 1 项、三等奖 1 项，农业技术推广合作奖 1 项），"橡胶产量形成核心环节——乳管蔗糖代谢调控研究"等 13 项成果获海南省科技奖，其中海南省科技进步一等奖 3 项，海南省科技进步二等奖 4 项。审（认）定农作物新品种 17 个，获香蕉、橡胶植物新品种保护权 7 件，授权专利 220 件，软件著作权 38 件，制、修订标准 26 项。发表 SCI\EI\ISTP 论文 305 篇。

在原有 29 个院二级重点学科（领域）的基础上，拓展学科研究领域，构建了涵盖 17 个一级学科、51 个二级学科和 241 个主要研究方向的热带农业重点学科体系，使我院学科体系从最初的以热带作物学为主，拓展为以热带作物研究为基础、农林牧相结合的综合性热带农业学科体系。成立第十届学术委员会，新增热带粮食作物、现代都市农业、热带农业科技博览等专业委员会。

在基础研究方面，构建了迄今为止最为精细的橡胶树全基因图谱，在天然橡胶树产胶生物学研究方面取得重大突破，发现了一组可能促使橡胶树进化出高产橡胶特性的基因，从源头阐明了乙烯刺激橡胶增产的原因，提出了橡胶物种进化和乙烯刺激产胶的新观点，该结果

电动胶刀　　　　　　　　　　割胶效果

性能优点：①割胶效果接近一级胶工水平；②可根据不同树龄胶树割胶需要，调节每次割胶耗皮厚度；③轻便、舒适、一键式操作，培训时间仅数小时，8~10 秒完成单株割胶作业，可大幅降低培训成本和对专技胶工的依赖，使割胶由"专业型变为大众型"，有望缓解当前产业用工荒难题；④初步测算：技术难度降低 60%~70%、劳动强度降低 50%，效率提升 20%，可增效 20%。

主要参数：外形尺寸 230mm × 70mm × 80mm，重量 350g，配备一个 2000mA 的锂电池，可完成 2 个树位（约 650 株胶树）割胶作业。

发明电动割胶刀，提高了作业效率

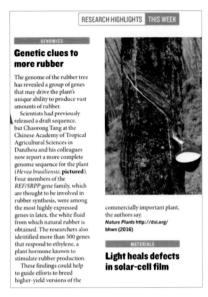

橡胶高产遗传线索，入选 *Nature* 研究亮点

在 *Nature plants* 上发表，并入选 *Nature* 杂志研究亮点。解析了香草兰微生物辅助发酵生香作用机理，香草兰豆荚的香兰素含量提高 12%。

在应用技术研究方面，研发出具有调节土壤 pH 值、高效提供作物养分、抑制土传作物病害和降低农产品重金属镉含量等功能的碱性有机液肥——酸性土壤改良降镉肥，示范应用取得良好效果。研发建立了国内第一条标准化高性能天然橡胶中试生产线，并实现批量化生产，核心技术指标超过原进口马来西亚产品。研发出电动割胶刀并示范应用，提高割胶劳动效率 20% 以上，增效 20% 以上。突破橡胶木材加工利用关键技术，提升热改性加工能力 15% 以上。集成创新香蕉枯萎病综合防控技术，示范区发病率控制在 8% 以内。改进试制甘蔗、木薯、橡胶等热作种管收机械 100 多台套，示范应用 50 多万亩（15亩=1hm²，下同）。成功研发了一种基于适配体和分子印迹联合识别机理的新型电化学传感器，实现兽药残留林可霉素的特异性识别和残留痕量检测分析。

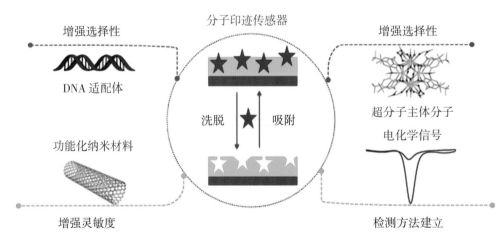

将分子印迹技术与超分子识别或 DNA 适配体识别技术有机结合起来，并引入功能纳米材料实现检测信号的放大，从而研发了一系列电化学传感器检测新技术。该技术具有更高的灵敏度和更强的特异性识别能力，适用于农产品中多种农兽药残留的痕量检测

基于分子印迹技术的农兽药残留电化学传感器

　　稳步推进种业人才和科研成果权益改革试点，院企合作研发功能性特色热作产品 45 个，转移转化专利技术 8 项，13 项成果在第十八届高交会上获奖。在热区建立芒果、咖啡、澳洲坚果等特色热作示范基地和贵州兴义石漠化综合治理示范基地，科技支撑产业扶贫工作。科技培训农民 2.8 万人次，新型职业农民 4 793 人次。为热区产业部门和 100 多家企业提供质量监控技术服务；检测南繁转基因样品 1 272 份，开展转基因科普活动 18 场次，得到地方政府和企业的充分肯定。

　　2016 年度获批国际合作项目 57 项，经费 3 263 万元。成立"一带一路"热带农业科技创新中心、中非现代热带农业联合研究中心、热带农业国际培训中心等合作平台；与 16 个国家或国际组织的农业科研机构建立了战略合作关系；举办了全球热带农业研究高层论坛和"一带一路"热带农业走出去技术对接会；在老挝和柬埔寨推广橡胶、香蕉、木薯等标准化生产技术；举办援外技术培训班 7 期，来自 31 个国家共 160 名学员参加培训。热带农业科技已成为国家外交的重要资源和农业"走出去"的重要支撑力量。

在圣女果上示范应用酸性土壤改良肥取得良好效果

二 各省（市、区）属科研机构

（一）北京市农林科学院

北京市农林科学院成立于 1958 年，现已发展成为围绕三农需求，开展农业科学研究、科技服务与成果转化工作，研发新品种、新技术、新产品、新装备，引领和支撑北京都市型现代农业和全国现代农业发展的综合性科研院所。

目前，全院建有蔬菜、林业果树、畜牧兽医、植物保护环境保护、植物营养与资源、农业科技信息与经济、农业信息技术、农业质量标准与检测技术、玉米、杂交小麦、生物技术、草业与环境、水产、农业智能装备技术 14 个专业研究所（中心）。

全院现有在职人员 1 122 人，专业技术人员 873 人，其中高级专业技术人员 444 人，包括研究员 128 名，副研究员 316 名，博士、硕士研究生共 674 名。

2016 年，全院新落实项目 301 项，经费额度 2.3 亿元。其中，主持国家重点研发计划（第一批）项目 5 项，主持和参加课题 57 项，经费 9 265 万元；农业部项目 61 项，经费 3 078 万元；2017 年度国家自然科学基金 36 项，经费 1 741 万元，实现了"优青"零的突破；北京市科技课题 18 项，经费 3 950 万元；北京市自然基金项目 15 项，经费 218 万元。全院在研项目 795 项，经费额度 2.8 亿元。

2016 年，全院新增农业部学科群重点实验室、科学观测实验站 10 个；北京市重点实验室、工程技术研究中心 2 个。现已形成以 2 个国家工程实验室、5 个国家级工程技术研究中心，7 个农业部重点实验室，4 个国家级检测机构，1 个国际 ISTA 检测资质认定的检测机构，11 个北京市重点实验室、7 个北京市工程技术研究中心、6 个国际联合实验室为核心的创新平台体系，支撑科研创新的能力得到进一步显现。

新增大型（10 万元以上）科研仪器 311 台（套），"十二五"以来，拥有大型（10 万元以上）科研仪器设备 1 239 台（套），科研装备水平达到国际水准，科研仪器设备条件得到根本性改善。

获得国家和北京市政府奖励 36 项，包括：2014—2016 年度全国农牧渔业丰收奖 7 项

（一等奖 2 项）、2015 年度农业部软科学优秀研究成果一等奖 1 项、北京市科学技术奖 4 项、2014—2016 年度北京市推广奖 24 项（一等奖 4 项），其他省级科技进步奖 7 项（一等奖 3 项）。

审定、鉴定、认定品种 76 个；获批国家一类新兽药证书 1 项；授权植物新品种权 24 项、专利 294 项（发明专利 135 项）、软件著作权 142 项；起草发布行业和地方标准 20 项；发表 SCI 论文 150 篇。知识产权申请、授权数量稳步提升，质量明显改善。

近几年，全院在巩固传统优势学科的基础上，重点加强了生物技术、信息技术、装备技术与传统农业技术的结合，形成了涵盖农、林、牧、渔等领域的现代农业创新学科体系。"十三五"以来，全院形成了动植物种质资源创新，农产品优质、安全、高产、高效、节水生产技术创新，农业信息技术与智能装备研发，农产品采后保鲜、冷链物流配送与精深加工研究，农业生态治理、资源高效利用与休闲农业技术研究，农业发展战略与科技情报学研究六大优势研究领域，20 个专业研究方向，学科方向在省级农科院中是最全的。

2016 年，全院在作物育种基础性研究和新品种创制，新技术、新产品研发，信息技术与产品，软科学等方面取得重要科研进展。

1. 作物育种基础性研究和新品种创制势头强劲

培育出"京春黄""京春 CR"等 16 个大白菜新品种、"京葫 36 改良型"品种、"中型贝贝"南瓜品种，彻底打破了国外对蔬菜高端品种的垄断。观赏草、能源草、生态草、菊花、百合新品种为 2019 年北京世界园艺博览会提供了品种支撑。建立全球最大的玉米标准 DNA 指纹库，样本量达到 2.6 万余个，小麦、蔬菜 DNA 指纹库建设保持国内领先，并获得了农业部检测资质。完成了西瓜基因组变异图谱测序，初步探明了西瓜果实瓤色与糖分形成的分子机制，为果实有色体发育进化机制与西瓜果实品质改良提供了理论基础，研究结果在 NewPhytologist（IF7.21）上发表。初步建立起玉米、蔬菜基因编辑技术体系，创制出一批新材料。在国内率先创制出不育性彻底且遗传性稳定的 S 型雄性不育系 4 份，显著提高了玉米杂交种制种质量。培育出抗根瘤、矮化、早果樱桃砧木"京春 1 号"，保持全国领先优势。

鸭坦布苏病毒病灭活疫苗（HB 株）注册证书

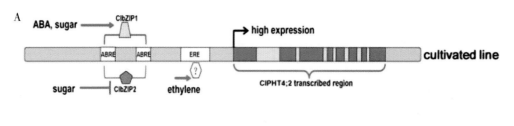

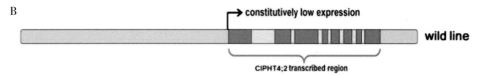

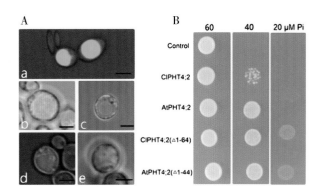

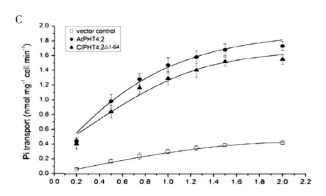

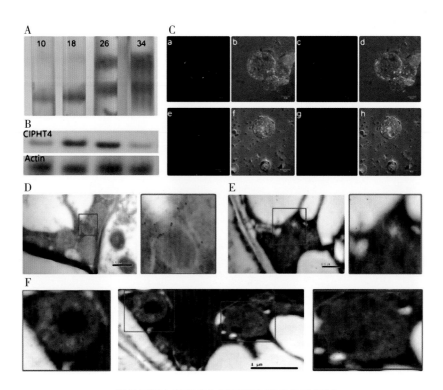

磷转运蛋白基因参与西瓜瓤色形成分子机制

2. 新技术、新产品不断涌现

研发出"鸭坦布苏病毒病灭活疫苗（HB 株）"，获得国家一类新兽药证书。首个防治该病的疫苗，填补了国内外空白，达到国际领先水平。建立了白菜、甘蓝和萝卜等叶根菜精量播种技术体系，以及番茄、辣椒和西瓜嫁接苗生产技术体系，节水效益显著。果蔬绿色防控、畜禽疫病防控和健康养殖等关键技术取得明显进展。初步建立了农业面源污染动态监测、全程阻控减排及防控关键技术体系。荒坡地、废弃地生态草修复技术体系不断完善，种养殖废弃物无害化与资源化利用关键技术取得进展。开发出花色苷护肝胶囊及缓解视疲劳饮料，并获得保健品批准文号。

3. 农业信息技术与产品竞争力持续提升

研发出国内首个作物育种云平台——"金种子云平台"，探索建立了可盈利、可持续发展的商业运营模式，有效推动我国商业化育种技术体系的构建与升级。研发出系列深松监测装备，全年推广 7 000 台套，有力支撑了农业部全国农机深松整地工作。研发成功无人机精准喷洒与控制系统、航空植保作业监管与自动计量等系统，全年作业面积达 600 万亩（1亩 ≈ 667 m²，全书同），有效提高了飞防作业质量和效率。

4. 软科学研究影响力彰显

参与中央农村工作会议文件起草工作，国务院研究室向北京市人民政府致信感谢。参与起草了《"互联网 +"现代农业三年行动实施方案》《"十三五"全国农业农村信息化发展规划》等规划和方案。主笔的《推进北京市星创天地建设行动方案》《关于调整山区生态公益林生态效益促进发展机制有关政策》等被市政府相关部门采纳，作为政策文件下发。

（二）天津市农业科学院

天津市农业科学院成立于1979年，其前身是1920年的茶淀农场，现已发展成为一个以应用研究为主、学科较齐全、优势突出、具有较强实力和地方特色的社会公益类综合性农业科研机构。共有15个下属机构，其中一类事业单位10个，二类事业单位3个，转置研究所2个。

目前，全院拥有在职职工532人，其中博士64人，硕士179人；专业技术人员433人，其中正高职称78人，副高职称156人，中级职称178人，初级39人。现有中国工程院院士1人，享受国务院政府特殊津贴专家64人，突出贡献专家10人，市"131人才工程"人选16人，市"131创新团队"1个。

全院现有1个蔬菜种质创新国家重点实验室，4个国家级研究中心，6个部市级重点实验室，10个市级研究（工程）中心。拥有占地3 500亩，总投资6亿余元的现代农业科技创新基地和现代畜牧科技创新基地，建设农业设施20万㎡、中试车间3万㎡、试验田2 600亩、试验牧场500亩。

2016年度，全院新立科研课题82项，经费合计6 300万元，其中国家级项目17项，占全部科研经费的70%。全年完成成果鉴定8项，结题验收41项，其中芹菜不育系、花椰菜种质创新与新品种选育、果蔬物流绿色节能保鲜技术等5项成果鉴定为国际先进水平。

全年完成科技成果登记64项，申请专利53项，授权专利32项；申请植物新品种权5项，授权植物新品种权12项；完成品种登记26个。全年获得省部级科技奖励8项，其中全国农牧渔业丰收二等奖1项，天津市科技进步三等奖7项。

在学科发展及重要科研进展方面，全院围绕天津市都市农业发展的技术需求，积极适应京津冀协调发展的新形势，构建学科布局，巩固黄瓜、菜花、农产品保鲜、杂交粳稻和青麻叶大白菜5个全国领先的学科，提升葡萄、西甜瓜、芹菜、强筋小麦、动物繁殖与营养、农产品质量安全及检测和植物病虫害防治7个全国一流的学科，培植壮大农村生态环境、畜禽疫病防控、盐碱地改良、设施农业、农业经济与规划、农业信息技术、食用菌、农产品加工、果树栽培、中草药栽培和农业微生物11个现代农业发展急需的学科。

黄瓜育种通过系统研究影响黄瓜未受精子房培养胚胎发生的各因素，在我国首次建立了高效稳定的黄瓜单倍体技术体系，植株再生频率高达20%以上。系统研究了黄瓜未受精房培养胚胎发生机制，创新了黄瓜离体雌核发育相关研究的基础理论。建立了规模化、流程化的黄瓜单倍体技术体系，探索出一套与传统育种技术有机结合的育种新流程，创制出优异DH 材料 150 余份，育成新品种 12 个，其中"津优 401""津优 406""津优 409"等品种商品性、耐热性、抗病性突出，成为华北、东北及南方露地黄瓜的优势品种。

花椰菜育种学科将流式细胞技术与根尖染色体计数技术应用于小孢子培养的倍性鉴定，使常规的田间鉴定周期由 4~6 个月缩短到 1~2 天，而且鉴定准确率可达 100%，克服了田间形态鉴定周期长的缺点，加快了育种材料的选育进程。同时以小孢子培养技术和雄性不育转育技术为核心进行育种材料创新，选育出耐热性强的松菜花资源 26-7、春菜花耐低温欧洲类型优异材料 10ZF-250 和 11TN-52，并育成耐热抗病适应性强松菜花品种"津松 65"；东北、华北地区春栽培专用花椰菜雄性不育品种"春雪 1 号""春雪 30"。

芹菜育种学科构建了芹菜 CMS 杂交育种技术体系，发明了芹菜杂交组配装置和配套方法，创新获得 20 套不同芹菜类型 CMS 不育系及相应保持系，并利用 CMS 不育系育成速生小芹菜杂交一代专用新品种"快嫩 60"，该品种杂种优势显著，生长速度快，丰产优质，亩产可达 5 300kg 以上，比对照品种"四季西芹"高 17.3%。已在天津、山东、浙江、江苏、上海及其周边地区示范应用 3 200 多亩。

冬小麦新品种"津农 6 号"为天津地区主推强筋小麦品种，先后通过天津市审、北部冬麦区国审（2013）和新疆维吾尔自治区（以下简称新疆）省审。

在果蔬物流保鲜领域，探索了采后不同颜色果蔬对不同光质的敏感性异同，建立了"光源照射 + 果蔬贮运保鲜箱（盒）箱式气调贮运 + 绿色保鲜剂"的新型物流保鲜技术模式，能够延长果蔬保鲜期 30%~50%，降低损耗 8% 以上，为果蔬物流过程中的质量与安全提供了保障。

黄瓜未受精子房培养　　　　　　津优 409　　　　　　　　津松 65　　　　　　　快嫩 60

（三）河北省农林科学院

河北省农林科学院成立于 1958 年，前身为华北农业试验场（1949 年 9 月），最早追溯到中央农事试验场石家庄支场（1939 年 4 月）。现辖 12 个研究所，内设 9 个处级单位，现有在职职工 861 人，其中科技人员 708 人，具有高级职称的 459 人，中级资格的 183 人，博士 105 人，硕士 206 人。全院拥有入选国家百千万工程第一二层次人选 2 人，享受国务院特殊津贴专家 67 人，省管优秀专家 24 人，省突出贡献专家 79 人。

2016 年，河北省农林科学院认真贯彻中央和国务院的重大决策，全面执行省委、省政府的工作部署，围绕京畿农业大省的特点和区域特色，优化学科领域，狠抓创新突破和技术集成应用，在全力服务"三农"中取得了较好成绩，得到了省委、省政府的肯定。

第一，科研立项紧扣实际。全年落实科研项目 440 项，到位经费超过 1.2 亿元。科研立项实现由注重数量到数量质量并重的转变，项目质量显著提升。认真谋划河北省"现代农业科技创新工程"获省领导批准和省财政厅支持，率先启动了事关河北现代农业发展的重大技术创新板块，有力地推动了全省农业科研转型升级。

渤海粮仓重点示范县推进观摩会

第二，创新成果获新突破。全院主持获得省部级以上成果 12 项，其中"高油大豆冀 NF58 和冀豆 19 选育及应用"及"梨和苹果采后品质劣变机理与防控关键技术研究及应用"获省科技进步一等奖；"河北省渤海粮仓科技示范工程行动方案"获省社会科学一等奖。审（鉴）定作物品种 54 个，在强筋节

宁晋粮食作物节水科技创新基地

水小麦、高油酸花生、杂粮等作物育种方面优势明显，其中小麦新品种衡 S29、衡 4399 抗旱节水特征突出，被列为省节水小麦推广品种和省区试对照品种。审定标准 51 项，其中制定国家行业标准 16 项。签订技术转移协议 55 个。

第三，平台条件显著改善。农业部"黄淮海半干旱区棉花生物学与遗传育种重点实验室"通过验收。落实全省首个国家级综合种质资源圃"环渤海地区园艺作物种质资源圃"；落实中央补助地方科研条件专项，提升"河北省蔬菜工程技术研究中心"硬件水平；进一步完善"河北省盐碱地绿化工程技术研究中心"设施条件，为其纳入 2017 年省级工程中心建设计划奠定基础；植保所"土壤有害生物分子检测中心"获批建设，进一步完善平台功能；旱作所院士工作站正式启动，汪懋华、康绍忠、李佩成、南志标 4 位院士驻站工作；昌果所施各庄综合科技基地建成，打造了集创新、示范、宣传、科教、观光旅游于一体的多功能综合平台样板，成为秦皇岛旅游农业发展的重要亮点。

第四，学科建设和重点工作取得新进展。主动顺应科技体制改革对创新团队的要求，从科研供给侧推动农业供给侧改革，启动了第一批 16 个院研究中心建设工作，深入凝练研究方向，培育国际先进、国内一流研究领域。渤海粮仓科技示范工程按照"藏粮于地、藏粮于技、藏粮于水"的要求，研发示范雨养旱作、微灌水肥一体化、微咸水补灌、农牧结合等八大主推技术模式；创立"百、千、万"工作方法，使科技创新、成果转化、示范推广有机结合相互促进；与京津相关科研单位、农业相关企业、新型经营主体结合，建立农业科技示范园区，促进高新技术成果的规模化转化和快速示范推广。2016 年项目示范面积 91.5 万亩，辐射面积 950 万亩，增粮 9.95 亿 kg，节水 4.6 亿 m³，节本增效 19.9 亿元。河北渤海粮仓创新团队被河北省政府授予高层次创新团队。

（四）山西省农业科学院

山西省农业科学院的历史可以追溯到20世纪初，1901年清政府批准在省城设农工局，并附设农林学堂。1903年设立山西省农事试验场。1923年，改为山西省农桑局。1929年改为山西省农务局。1949年，农事试验场更名为山西省农业试验场。1959年2月，成立山西省农业科学院。

全院下设棉花、小麦、谷子、经济作物、高粱、果树、玉米、高寒区作物、畜牧兽医、农业资源与经济、作物科学、农业环境与资源、植物保护、蔬菜、园艺、农作物品种资源、农产品贮藏保鲜、农产品加工、农业科技信息、食用菌、饲料兽药、农产品质量安全与检测22个研究所，生物技术、旱地农业、现代农业、试验4个研究中心，五寨、右玉、隰县3个试验站。

全院建有：国家谷子改良中心长治分中心；国家杂粮加工技术研发分中心；农业部黄土高原作物基因资源与种质创制重点实验室，农业部农产品质量安全风险评估实验室（太原）；农业部黄淮海大豆产区农业科学观测试验站，农业部太原作物有害生物科学观测试验站；国家抗虫棉中试基地，国家谷子玉米马铃薯原原种繁殖基地，国家引进国外智力成果示范推广基地，高粱产业技术创新联盟，国家枣、葡萄种质资源圃（太谷）等国家级研究平台。已建成7个省级重点实验室，其中2016年建成4个，还有1个正在建设中；省级工程技术研究中心1个；省级重点学科4个。

全院现有事业编制职工3 196名，截至2016年年底，全院在职职工2 625人，其中专业技术人员1 887人，占在职职工总数的72%（包

旱地谷子渗水地膜波浪形全覆盖免间苗机械穴播技术

括正高级职称 213 人，副高级职称 434 人）。在职职工中有研究生 748 人，其中博士研究生 133 人，硕士研究生 615 人，研究生占专业技术人员总数的 39.6%。

2016 年新开课题 519 项。其中国家级课题 72 项，省级课题 169 项，横向协作课题 12 项，院级课题 266 项。国家级课题包括：国家青年基金课题 1 项，国家重点研发子课题 11 项。2016 年我院有国家现代农业产业体系岗位 11 个，国家现代农业产业技术体系综合试验站 27 个。

玉露香梨高光效树形

2016 年，全院主持获得山西省科技进步奖 17 项，其中一等奖 1 项，二等奖 6 项，三等奖 10 项。全院通过成果鉴定 16 项；通过国家审（鉴）定农作物新品种 6 个，通过省级农作物新品种审（认）定 24 个；3 个品种取得农业部植物保护新品种权证书；获得国家授权专利 165 件，其中发明专利 47 件。发表学术论文 514 篇，出版著作 13 部，获省质监局颁布的地方标准 56 个。

"甜糯 182"玉米通过国家农作物新品种审定，该品种综合了甜玉米和糯玉米的口感，鲜穗籽粒甜、糯相间，风味俱佳。饲草高粱杂交种"晋草 8 号""晋草 9 号"通过国审，籽粒蛋白质含量高，单宁含量显著降低，有效地解决了高粱饲用适口性差、消化率低的问题。

舍饲养羊集成技术，研究建立了幼龄羊 JIVET 技术体系和优种羊快速繁育 MOET 技术体系，"试管羊"研究首次在我省获得成功，研究提出肉用杂种绵羊育肥期和绒山羊营养标准，集成构建了肉用羊和绒山羊舍饲养殖技术体系，为养羊方式由传统放牧向舍饲养殖方式转变提供了强有力的技术支撑。获得山西省科技进步一等奖。

全省特色农业扶贫渗水地膜谷子穴播技术示范推广，2016 年在省内外示范推广 5.5 万亩，9 月底对山阴县七里沟村渗水膜覆盖晋谷 21 号高产田、神池县红崖子村张杂 3 号高产田测产，亩产分别达 468.03kg 和 693.54kg。

内陆盐碱地改良利用调控机理与技术合作研究（国家科技部国际合作项目），针对盐碱地种植玉米面积大、施肥不平衡、后期脱氮严重等主要问题，研制出盐碱地玉米专用缓效肥料。

（五）内蒙古农牧业科学院

内蒙古（内蒙古自治区简称内蒙古，全书同）农牧业科学院前身是 1910 年绥远将军瑞良奏请清廷获准设立的归绥农林试验场，是晚清中国首批建立的农业研究机构之一。1924 年绥远政府重建农林试验场。1929 年与省苗圃合并改称为绥远省农林试验场。1945 年改为绥远省立第二农事试验场。1956 年在其基础上成立内蒙古农业科学研究所。1964 年内蒙古农业科学研究所与内蒙古畜牧兽医科学研究所、内蒙古林业科学研究所合并成立为内蒙古农牧科学院。1971 年内蒙古农牧科学院被撤。2005 年恢复组建内蒙古农牧业科学院。

全院下属 12 个研究所，3 个中心，1 个杂志社，现有职工 517 人（在编 369 人，院聘 148 人），博士 90 人，硕士 108 人，本科 147 人，大专 51 人。正高 118 人，副高 99 人，中级 121 人，初级 59 人。

全院现有国家和自治区级研究平台 33 个。其中，国家级各类中心、观测实验站、合作基地 14 个；自治区级中心、重点实验室 3 个，实验站、综合示范基地 19 个。

2016 年度科研项目总数为 220 项，获得总资金 6 666.2 万元。其中，获得国家项目 48 项，获资助 3 809.7 万元；获得自治区项目 172 项，获得资助 2 865.5 万元。获内蒙古自治区农牧业丰收奖 8 项；标准审定 38 项，发布实施 14 项；审定品种 12 个。

在种植业科研方面，围绕我区优势产区粮食生产，开展主要作物、特色作物的高产、优质、抗逆、宜机收农作物种质资源研究、新品种选育与栽培技术研究；围绕农牧交错带、干旱半干旱等生态脆弱区，开展资源保护与农业生态修复研究；围绕绿色循环发展，开展作物主要病虫草害防控技术、化肥、农药减控与节水、控膜技术研究；围绕保障农产品质量安全，开展质量风险与预警研究，进展如下。

1. 农作物新品种选育

针对马铃薯生产上缺乏优质高产品种，引种了马铃薯新品种"康尼贝克"，在引进的 12 个新品种中产量最高，较当地品种增产 37.45%。

"蒙科豆"系列高油大豆新品种，平均含油量达 23.15%，平均增产 12.8%，解决了内蒙古中熟大豆产区缺乏高油高产自主知识产权大豆新品种的问题。

油菜新品种 NM88，含油率达 44.62%，增产 13%，解决了内蒙古这一国内最大的春油

加拿大农业与食品部渥太华研究发展中心 Buoluo Ma 研究员到轮作休耕试验区指导工作

菜产区没有自主知识产权的油菜品种问题。

油用向日葵新品种内葵杂 5 号，含油率达 46.82%，属高油品种，产量高，抗性强，长势旺，亩增产 20 kg 以上。

甜菜丰产、抗丛根病单粒雄性不育杂交种 NT39106 较对照品种增产 23.54%，平均含糖 16.99%，抗丛根病，打破了生产中使用品种均为国外品种垄断的局面，同时也制约了甜菜种子价格的快速上涨。

"北星"系列辣椒新品种的选育为我区辣椒产业提供了鲜食、色素专用、脱水加工、彩椒栽培和脱水加工兼用等多个品种。

2. 农作物节本增效减肥减药栽培技术

"河套灌区玉米一穴双株增密高产栽培技术示范与研究"确定了河套灌区玉米一穴双株高产高效栽培配套的耐密品种、种植方式与栽培密度及最佳经济施肥量等关键技术指标，平均 1 168.5 kg / 亩，比对照 849.2 kg / 亩增产 319.3 kg，增产 37.6%。大幅提高了当地主要作物玉米生产水平。

"盐碱旱地棉花配套栽培技术研究"筛选出了适合阿拉善地区种植的棉花品种，明确了适宜播期，建立了棉花抗旱节水灌溉制度及水肥运筹技术体系，筛选出棉花播种机和收获机，集成创建了全程机械化、轻简化、艺机一体化等栽培技术模式，可节水 20% 以上、节肥 21% 以上、增产 29% 以上，使棉花种植区域北移两个纬度，为新棉区棉花生产提供了技术支撑。

"农田轮作休耕可持续耕作关键技术研究与示范"探明了在轮作休耕模式下土壤理化性状、土壤微生物多样性以及作物产量等方面的变化规律，明确了农田合理轮作休耕的年限和方式、田间杂草生长发育规律，为呼伦贝尔地区的农田可持续利用提供了理论支撑和技术支持。

"旱地作物栽培研究"筛选出阴山北麓向日葵抗旱品种1个，燕山丘陵区玉米、谷子抗旱品种各1个；明确了垄膜种植的雨水集蓄效应、水分运移规律及其对土壤微生物活动的影响；提出了向日葵、谷子、玉米施用缓释肥料的适宜用量和比例，提高了肥料利用率。

"土壤改良与培肥研究"等初步提出适宜盐碱地应用的作物、牧草种植技术和生物肥料等品种3个，明确修复盐碱地的关键生物技术2项，形成了农业、水利相结合的技术集成模式，建立了饲草和作物修复盐碱地典型示范样板，在河套盐渍化耕地上应用并取得修复退化耕地与生态环境的实效。

3. 作物主要病虫草害防控技术

针对马铃薯生产上土传病害的问题，颁布"马铃薯黑痣病综合防控技术规程"；针对呼伦贝尔产区研制的油菜专用肥、集成的油菜病虫害绿色防控技术减少化肥施用17%、减少农药使用33%；在设施蔬菜根结线虫遗传多样性、土壤处理剂对土壤微生物影响的高通量测序和轻简化防控技术研究方面，集成了一套减量、高效、安全的防控技术体系，其综合防效达90%以上，农药减施70%左右。

4. 农产品质量安全研究

围绕马铃薯产品质量安全风险合理评价，进行了产地重金属和农药污染风险与预警研究。初步确定了内蒙古马铃薯主产区重金属和农药污染风险因子及水平；建立了土壤、马铃薯中种衣剂、除草剂和生长调节剂残留联合提取方法的地方检测技术标准2份；编撰了《内蒙古马铃薯质量安全研究报告》；初步形成了农产品和产地风险评估与预警技术方法。

在畜牧业科研方面，按照我区"稳羊增牛"发展战略，围绕肉羊、肉牛、绒山羊优势畜种，开展地方家畜新品种（系）选育；围绕优质、安全、绿色畜产品质量提升，开展牛羊标准化养殖技术及疫病防控技术研究。取得进展如下。

（1）地方家畜、牧草新品种（系）培育 对地方优质肉用种羊开展了纯种扩繁，超数排卵平均获可用胚8.5枚/只，腹腔内窥镜输精鲜精受胎率为95.1%；利用国外优质肉羊种羊对地方群体开展了经济杂交，成年羊尾脂重较选育前减少1.0kg，体重增加1.0kg。

选育内蒙古白绒山羊出绒细度在13.99μm以下，伸直长度达7~9cm的超细超长绒山羊种羊；分梳后无毛绒细度达 14.02μm，平均巴布长度 59mm。

通过引进西门达尔牛、红安格斯肉牛进行繁育，研发了"基于人工授精的母牛一胎双犊技术"，示范母牛群体双犊率达到 11%。

审定了"鄂尔多斯中间锦鸡儿""鄂尔多斯草木樨状黄芪""牧科草木樨 1 号"及"凉城大麦"等优质饲草新品种。

绒山羊

（2）家畜繁育技术研究

① 主要开展了超细绒山羊核心群种羊选育、亲缘选配、幼畜超排等育种生产关键技术研究，建立了 1 套超细绒山羊高效生态养殖技术集成模式。

② 围绕地方良种肉羊繁育，开展了蒙古羊高繁、短尾、多脊椎优质生产性能核心群的选育研究工作。同期发情率为 95.7%，杂交羊出栏胴体重可提高 3kg。

③ 集成母牛冬春季补饲、犊牛定向培育、母牛短期催情技术，制定了肉用母牛精准化养殖技术模式，示范母牛群繁殖率达到 90% 以上，犊牛当年出栏率达到 80% 以上，体重达到 220kg。

④ 在家畜传染病防控方面，建立了 3 项具有较高实用性的新型诊断和检测方法，其中"单核增生性李氏杆菌、金黄色葡萄球菌和屎肠球菌的多重 PCR 检测方法"获得发明专利受理；在家畜寄生虫病防控方面，研究的"生物驱虫技术""中蒙兽药驱虫新药物、新方法"获得了 2 项发明专利授权；在肉羊肉牛标准化养殖及重要代谢病防治方面，取得 3 项专利。这些成果为我区畜牧业实现"十二连稳"、提质增效、促进增收，提供了科技支撑。

（3）草原生态保护科研工作　围绕草原生态保护，开展优质牧草新品种育繁栽培技术及人工草地建植、天然草原修复技术研究；配合中国科学院推进呼伦贝尔草牧业试验区建设，完成试验区草业、畜牧业和高值农业板块的技术集成与示范工作。

（六）辽宁省农业科学院

辽宁省农业科学院始建于 1956 年，是以种植业为主的综合性农业科研机构。建院以来一直以增强全省农业综合生产能力和全面推进辽宁农业现代化为主要任务，以提高成果技术水平及加速科技成果转化为目标，以服务"三农"、增加农民收入为宗旨。

全院现有创新中心、作物研究所、玉米研究所、蔬菜研究所、微生物工程中心、植物营养与环境资源研究所、植物保护研究所、耕作栽培研究所、花卉研究所、食品与加工研究所、农村经济研究所、开放实验室、辐照中心、色素中心、农作物海南育种中心、生物技术研究所（大连）、蚕业研究所（凤城）、果树研究所（熊岳）、水稻研究所（苏家屯）、风沙地利用研究所、经济作物研究所（阜新）、水土保持研究所（朝阳）等 24 个所（中心）。

目前全院拥有 15 个国家（国际）研究、检测机构，15 个省级重点实验室，9 个省级工程技术研究中心。

全院现有在职职工 1 513 人，其中科技人员 1 011 人，高级研究人员 447 人，国家级有突出贡献的专家 11 人，享受国务院特殊津贴 126 人，国家、省百千层次人才 85 人；研究生导师 52 人；进站博士后 20 人，博士 89 人，硕士 324 人。

2016 年我院共承担各级各类科研项目 320 项，其中国家部委来源项目 148 项，省级部门来源项目 128 项，其他来源项目 44 项。本年度全院科研项目到位经费总额 7 101.35 万元，其中新上项目 142 项，新上项目到位科研经费 4 960.32 万元。

本年度组织完成"东北地区旱地耕作制度关键技术研究与应用"等 40 个项目申报各级各类奖励工作，共获

"东北地区旱地耕作制度关键技术研究与应用"获国家科学技术进步奖二等奖

得 36 项奖励。获国家科学技术进步奖二等奖 1 项,全国农牧渔业丰收奖二等奖 1 项、三等奖 1 项,辽宁省科技进步一等奖 1 项、二等奖 2 项、三等奖 2 项,辽宁农业科技贡献奖一等奖 5 项,阜新市科技进步一等奖 5 项、二等奖 2 项,沈阳市科技进步奖一等奖 2 项、二等奖 1 项、三等奖 2 项,沈阳市农村科技推广奖一等奖 1 项、二等奖 2 项,辽阳市科技进步奖一等奖 2 项、二等奖 2 项,辽宁林业科学技术奖一等奖 3 项、二等奖 1 项。

在研究领域和学科建设方面,全院在玉米、杂交粳稻、大豆、花生、高粱、番茄、李杏、葡萄、苹果、梨、小浆果、柞蚕、旱作节水、植物保护等方面的研究取得了突破性进展。

其中玉米研究方面:建立了玉米 A188 遗传转化体系,测定了 CML288、黄早四、黄 C、B73、CML121 和 CML96 六份材料玉米光敏色素基因的序列;利用逐代测诱导率的方法选育出诱导率稳定高于高诱 5 号、农艺性状优异的高代诱导系 6 份。

水稻研究方面:定位 1 个广谱抗稻瘟病基因,位于第 12 染色 10.12~11.24Mb 间,并获得与该基因共分离的 SSR 标记 1 个,SNP 标记 2 个;获得抗稻瘟病基因 Pi65(t)13 个候选基因的序列,并构建了 CRISPR 多基因敲除载体;建立起水稻抗稻瘟病分子育种技术体

辽粳 401 配套栽培技术研究

辽宁省水稻所特优质食味稻辽粳 433

辽宁省水稻所优质食味杂交粳稻粳 653

系；选育出辽优 9781、辽优 9760 等增产达 10% 以上，米质达二级标准以上新组合；优质杂交稻粳优 653 米质在日本参加的"中日优良食味粳稻品种选育及品评"活动中获得最优秀奖。

高粱研究方面：构建了高粱野生型的 PHO2 基因超表达载体（35s-SbPHO2）；将高粱调控叶中脉颜色基因定位在 6 号染色体 46,929,760-53,226,920bp 之间，髓部干湿基因定位于 6 号染色体 49,937,723-50,477,527bp；筛选茎秆蜡层合成候选基因 2 个，分别为 Sobic.010G019000 和 Sobic.010G022400；通过国家鉴定品种 3 个，其中辽甜 15 比对照辽甜 6 号增产 13.0%，含糖锤度 18.4%，是国内第 1 个 9E 细胞质甜高粱杂交种；参加国家区域试验品种 8 个，参加辽宁省区域试验品种 5 个。

柞蚕研究方面，对栎黄掌舟蛾、刺蛾类、橡实象虫等柞树害虫 DNA 条形码基因遗传多样性及系统进化进行了研究，克隆表达了相关基

酿酒专用

糯高粱辽粘3号大面积生产田生态蚕场示范区

《中国柞树害虫原色图鉴》

因；研究出的利用信息化学物质诱芯与配套诱捕装置相结合的黑广肩步甲新型防控技术的防控效果可达到75%以上，可基本实现对此害虫的有效生物防控。

　　旱作节水和耕作栽培研究方面，取得的成果"东北地区旱地耕作制度关键技术研究与应用"制定了基于气候变化的旱地耕作制度新区划，并提出了相应的产业和优势作物发展战略优先序与技术优先序，为耕作制度创新提供了理论基础；系统开展了旱地耕作制度关键技术研究，明确了关键技术的作用机理；建立了主要类型区典型耕作制度模式，系统集成了与生态环境相吻合的耕作制度综合技术体系，实现了粮食产量和效益的同步提高。研究成果达到国际先进水平，部分达到国际领先水平，在东北地区累计应用面积5 486万亩，取得了显著的经济、社会和生态效益，获国家科学技术进步奖二等奖。

（七）吉林省农业科学院

吉林省农业科学院前身是 1913 年日本建立的南满铁道株式会社公主岭农事试验场，1938 年改称伪满洲国国立公主岭农事试验场，1946 年改称民国政府农林部东北农事试验场，1948 年东北解放，建立了东北行政委员会农业部公主岭农事试验场，1959 年成立吉林省农业科学院。

全院下设 19 个研究所（分院），分别是：畜牧科学分院（畜牧兽医研究所）、动物生物技术研究所、动物营养与饲料研究所、草地与生态研究所、农业生物技术研究所、农业资源与环境研究所、农业经济与信息研究所（东北区域农业发展研究中心）、农业质量标准与检测技术研究所、农村能源与生态研究所、农产品加工研究所、植物保护研究所、作物资源研究所、经济植物研究所、玉米研究所、水稻研究所、大豆研究所、花生研究所、果树研究所、良种繁育实验场（洮南综合试验站）。

全院现有在编职工 1 105 人，科技人员 819 人，约占 74%，其中，高级研究人员 396 人，博士 127 人，硕士 283 人。拥有省级以上荣誉称号 159 人次，其中"百千万人才工程"国家级人选 4 人，全国杰出人才 1 人，国家"有突出贡献中青年专家" 2 人，国务院特殊津贴 19 人，农业部农业科研杰出人才 2 人，吉林省资深高级专家 3 人，吉林省高级专家 23 人，吉林省杰出创新创业人才 1 人，吉林省拔尖创新人才 64 人，吉林省有突出贡献中青年专业技术人才 38 人，吉林省优秀专业技术人才 1 人，吉林省优秀高技能人才 1 人。

2016 年全院上下认真贯彻中央和省委决策部署，紧紧围绕推进农业供给侧结构性改革这条主线，全院工作呈现出良好的发展态势，各项工作都取得了很大成绩。

一是项目承担能力显著增强。新立各类项目 230 项，合同经费 2.27 亿元，首次突破 2 亿元大关。其中获立国家重点研发计划"七大农作物育种"重点专项课题 1 项，经费 3 511 万元；国家转基因重大专项课题 2 项，经费 6 051.72 万。

二是成果产出能力大幅提高。获各类奖励 42 项，同比增长 17%。其中，国家科学技术进步奖二等奖 1 项；省科技奖 20 项，一等奖 2 项，二等奖 11 项；取得鉴定（验收）成果 163 项；审（认）定动植物新品种 25 个；获得植物新品种保护权 40 件；授权专利 50 件；软件著作权 5 件；发布标准 13 项；发表学术论文 282 篇，其中 SCI12 篇；出版著作 7 部。

三是重点研究领域取得新进展。玉米新品种吉单 66 通过省审，已完成国家试验，成为

高产宜机收玉米新品种吉单 66

东北首批籽粒机收 3 个国审品种之一；吉单 16 参加全国玉米机收籽粒生产模式展示，产量排名第一；吉单 96 在省"双十工程"重大项目新品种试验中公顷 9 万株表现突出。超级稻新品种吉粳 511 被农业部认定为超级稻品种，在"中日优良食味粳稻品种选育及食味品鉴学术研讨会"上获食味"最优秀"奖，进入世界顶级米行列。杂交豆 5 号百亩连片实收测产达到了 89.78kg/亩，制种产量增加了 42.7%，开放式大田杂交大豆大面积制种繁殖系数已达到 1∶30，突破了杂交大豆产业化制种瓶颈。针对适宜机械化生产杂粮品种选育成果显著，酿酒高粱新品种糯早 6 市场供不应求，已成为五粮液、汾酒等国内酿酒集团首选品种；杂交种吉杂 127 被确定为吉林省高粱全程机械化作业首选品种；抗除草剂谷子新品系公谷 88 示范推广中表现优异，市场反响极佳；直立型绿豆新品种吉绿 10 号是我省适宜机收的第一个直立型绿豆品种。畜禽育种，组建了含红安格斯基因的草原红牛核心群 213 头，新吉林黑猪核心群 500 头；东北肉羊和多胎肉羊新品系通过鉴定；转基因绒山羊存栏 32 只，胚胎移植受体 88 只；吉林芦花鸡、吉林黑鸡、宫廷黄鸡存栏 2 000 余套；引进南非 6 个肉用羊新品种冷冻胚胎，移植成功率最高达 80%，创国内最高纪录。农作物转基因新品种抗虫抗除草剂双价转基因玉米、抗病虫和高油转基因大豆新品系，拟申请进入生产试验。黑土合理耕层构建，创建了"苗带紧行间松"的合理耕层技术模式，研制了配套设备，实现了农机农艺结合。农作物病虫害综合防控，研制出赤眼蜂和白僵菌田间无人机投放技术，进行了大面积示范；玉米大斑病和玉米螟"一喷双防"技术实现了病虫防治和农药减量双重目标。农产品加工研究，研制出干酪、益生菌发酵饮料、功能性固体饮料等 8 种新产品。特色果蔬研究，认定的芦笋品种"井冈 701"，填补了省内空白；在国内率先开展了丰产性优良、适宜密植的"Y 字形"树型结构的李树研究。农村能源研究，研制出秸秆能源化利用技术及配方 4 项。

四是平台设施建设与管理得到加强。编写了 2016—2018 年科研基础设施平台建设规划；调整了平台负责人，制定了管理办法；完成了玉米国家工程实验室中的单倍体育种试验围场、根系发育田间模拟鉴定围场等建设任务；完成了农业部作物资源重点实验室、作物高效用水科学观测实验站的建设任务；新增仪器设备 595 台（套）；新建了抗逆盆栽鉴定围、信息服务平台、农机农资库等设施；对围场、温室、库房等实验场所及附属设施进行了改扩建；建立了试验地日常管护"巡视"制度；完善了海南基地基础设施建设。

高产优质食味稻新品种吉粳 511

高优势高制种量大豆新品种杂交豆 5 号

（八）黑龙江省农业科学院

黑龙江省农业科学院成立于 1956 年 8 月，1960 年 1 月将全省的地区研究所、试验站划归省农业科学院统一管理。1968 年 10 月，更名为黑龙江省农业科学实验所，将哈尔滨以外各地区研究所、试验站交由所在地区领导。1978 年 12 月，再次将隶属各地区的研究所、试验站统由省农业科学院主管。

全院现有 32 家下属科研单位，其中 21 家分布在哈尔滨地区，其余 10 家分布在全省不同生态区，1 家分布在海南省。

哈内单位为：黑龙江省农业科学院作物育种研究所、黑龙江省农业科学院玉米研究所、黑龙江省农业科学院大豆研究所、黑龙江省农业科学院植物保护研究所、黑龙江省农业科学院土壤肥料与环境资源研究所、黑龙江省农业科学院耕作栽培研究所、中国科学院北方粳稻分子育种联合研究中心、黑龙江省农业科学院信息中心、黑龙江省农业科学院生物技术研究所、黑龙江省农业科学院农产品质量安全研究所、黑龙江省农业科学院遥感技术中心、黑龙江省农业科学院畜牧研究所、黑龙江省农业科学院植物脱毒苗木研究所、黑龙江省农业科学院农化研究所、黑龙江省农业科学院农村能源研究所、黑龙江省农业科学院经济作物研究所、黑龙江省农业科学院草业研究所、黑龙江省农业科学院食品加工研究所、黑龙江省现代农业示范区管理中心、黑龙江省农业科学院园艺分院、黑龙江省农业科学院对俄农业技术合作中心。

哈外单位为：黑龙江省农业科学院黑河分院、黑龙江省农业科学院佳木斯分院、黑龙江省农业科学院绥化分院、黑龙江省农业科学院牡丹江分院、黑龙江省农业科学院克山分院、黑龙江省农业科学院齐齐哈尔分院、黑龙江省农业科学院佳木斯水稻研究所、黑龙江省农业科

野生大豆资源数据库（2016 年黑龙江省科技进步一等奖）

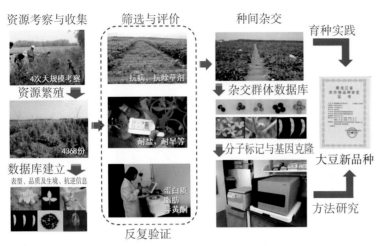

野生大豆资源创新利用（2016年黑龙江省科技进步一等奖）

学院五常水稻研究所、黑龙江省农业科学院浆果研究所、黑龙江省农业科学院大庆分院、黑龙江省农业科学院海南繁育基地。

全院现有33个省部级以上中心分中心；17个省部级以上重点实验室；9个农业部野外观测站；24个原原种基地、中试基地、示范推广基地、合作基地、科技园区、共建高效现代农业示范园区；1个国家产业战略联盟；6个现代农业人才吸引与培养平台；1个农业工程服务平台。

2016年，全院新申请承担各级各类项目154项，项目总经费16 667万元。其中农业部项目84项，包括科技创新能力条件建设工程项目、重点实验室、科学观测实验站、岗位科学家、综合实验站等类别，经费7 310万元；科技部科技支撑计划、粮食丰产增效科技创新等项目32项，包括主持项目19项，参加项目13项，经费4 640万元；国家自然科学基金项目3项，经费64万元；黑龙江省及哈尔滨市项目35项，包括科技重大专项、科研机构创新能力提升、自然科学基金、省院科技合作项目、市人才专项等，经费4 708万元。

2016年，全院共有69项科技成果获得奖励。23项科技成果获得黑龙江省科学技术奖，其中一等奖2项，二等奖12项，三等奖9项。46项科技成果获得省农业科技进步奖，其中一等奖21项，二等奖13项，三等奖12项。

魏丹指导空军农场（2009）
（2016年黑龙江省科技进步一等奖）

魏丹在垦区指导沃土技术（2011）
（2016年黑龙江省科技进步一等奖）

（九）黑龙江省农垦科学院

黑龙江省农垦科学院成立于 1979 年 7 月，隶属黑龙江省农垦总局。主要任务是围绕垦区现代化大农业建设涉及的关键技术问题开展科学研究。经过 30 多年的建设发展，成为涉及作物、农机、畜牧、电子、信息、土肥、植保等研究领域的 10 个研究所，1 个农机鉴定站，1 个农产品检测中心和 1 个实验农场的综合性农业科研机构。全院占地总面积 4 075.9hm^2，职工 1 500 人，科研人员 400 余人，其中高级专业技术人员 190 名，硕士以上学位 99 名（博士 10 名）；科研人员中 22 人享受国务院特殊津贴，12 人享受省级政府特贴，省及总局级学科梯队带头人 15 人，后备带头人 22 人，形成了水稻、玉米、大豆、农机、畜牧、电子信息、生物技术等多领域的学科梯队，为完成各类科研项目提供了人才保证。其研究方向包括作物育种、耕作栽培、植物保护、农业工程、畜牧兽医、农业信息、农产品检测、农机鉴定等领域。拥有 20 万元以上科研仪器 81 台套，固定资产总值近 1.55 亿元。

2016 年，全院新增科研课题 84 项，在研课题 113 项。到账经费 2 576 万元，获得品种转让经费 1 133 万元。签订了科技部"十三五"国家重点研发计划项目任务书 3 个，目前已进入实施阶段。承担的总局"保护性耕作""水稻旱直播""大棚综合利用""农作物复种技术研究与示范"等 6 个专项正在加速推进。年内课题结题鉴定 22 项；审定农作物新品种 11 个（其中，包括国审"垦豆 39"等大豆品种 4 个、省审"垦粘 7"等玉米品种 3 个、垦审"垦稻 29"水稻品种 4 个）；获得新品种权 9 项、发明专利 3 项、实用新型专利 21 项。发表各类论文及论著 78 篇。获得地市级以上奖励 10 项。

科研条件完善稳步发展。建院以来，全院基础科研条件得到了明显改善，相继完成了 14 600m^2 的哈尔滨院区科研实验楼、近 6 000m^2 的农业测试化验实验楼等基本建设项目，开展了生物工程育种、植物品质分析、植物病理分析、动物胚胎移植、DHI 和分子育种、动物营养与饲料检测、生物质热值分析等基础科研工作；建成了占地近千亩的佳木斯农业科技示范园区，成为辐射三江平原的现代农业展示窗口；对接落地了国家杂交水稻工程技术研究中心北大荒分中心等 12 个国家级科技创新、示范、推广、转化平台及人才培养共享平台；以黑龙江垦区为主，通过示范、推广、转化拥有自主知识产权的一系列科技成果，为垦区实现跨越发展，建设现代化大农业作出了重要贡献。2016 年进一步完善了黑龙江省农垦科学院哈尔滨园区以及南繁基地等方面的建设工作。

科技成果推广逐步提升。2016 年，全院自主培育的"垦单"系列玉米品种累计推广 500 多万亩，"垦丰、垦豆"系列大豆累计推广 400 多万亩。"寒地水稻叶龄诊断栽培技术"在全省推广应用 3 000 多万亩，累计增产稻谷 12 亿 kg，新增社会效益 16 亿元。承担了垦区畜禽疫病防治及饲料应用、奶牛 DHI 测定工作，为垦区牧场进行疫病监测 26 300 份，饲料检测 200 多份，奶牛乳成分及体细胞测定 14 000 多头。农业综合开发项目已扩大到水稻、玉米、大豆等 8 个农作物及农业机械、农业信息化等 13 个项目，项目经费 500 万元，培训基层技术人员及种植户 1 万多人，发放技术资料 1.8 万余份，承担农业部、省及总局农产品质量安全检测 9 000 批次。

特色优势学科夯实根基。2016 年，提出整合主要学科构建学科群，集中释放创新能量的新模式和新理念。面对国家现代农业发展新形势，贯彻农业供给侧改革新要求，适应垦区体制改革新常态，认真研究学科建设方面存在的问题，以构建特色优势学科群为目标，以整合有效资源为平台、以培养人才队伍为抓手、以深化机制改革为激励，举全院之力、倾全员之功，精心谋划好、建设好特色优势学科及学科群，让我院科技创新的动能得到充分集中释放，更好地为垦区现代化大农业发展提供强大科技支撑。农作物育种及栽培技术是我院传统优势学科，水稻、玉米、大豆、油菜等学科，都被列为总局级以上重点学科。在加强各学科建设的同时，我院各研究所至少应一所要有一学科、一所要有一平台、一所要合办一产业、一所要创一品牌。在此基础上，构建特色优势学科群，集中释放创新能量。

对外合作交流特色凸显。一是与中国农业科学院、黑龙江省农业科学院等单位合作，联合申报了"十三五"重点研发计划项目和科学实验站等国家重大科研课题及项目。二是与中国农业机械化科学研究院合作成立了北大荒分院。三是与乌克兰国家农业科学院举办了学术交流并签订了合作协议。四是参加了第十四届粳稻发展论坛、全国黏玉米产业年会、全国大豆学术年会、中国食用菌产业年会等大型会议。五是邀请中国农业大学汪懋华院士、扬州大学凌启鸿教授等专家，来我院调研及洽谈项目合作。六是与中国农业科学院北京畜牧兽医研究所密切合作，联合举办了全国奶牛提质增效现场会。

（十）上海市农业科学院

上海市农业科学院成立于 1960 年。经过 50 余年的建设，现已发展成为一个学科较齐全、设备先进、学术水平较高、成果转化能力较强、为上海和全国农业发展提供强有力支撑的地方综合性农业科研机构。全院下设作物育种栽培研究所、林木果树研究所、设施园艺研究所、食用菌研究所、畜牧兽医研究所、生态环境保护研究所、农业科技信息研究所（数字农业工程与技术研究中心）、生物技术研究所、农产品质量标准与检测技术研究所、上海市农业生物基因中心等 10 个研究机构，1 个综合服务中心和 1 个综合试验站。

全院现有在编职工 801 人。其中，专业技术人员 611 人，正高职称 108 人，副高职称167 人，中级 289 人，初级 47 人。博士 223 人，硕士 252 人，专业技术人员中 35 岁以下的青年科技人员 252 人，占专业技术人员总数的 41%，享受国务院津贴 71 人，国家及市领军人才 11 人。

2016 年全院积极申报国家和地方各类项目及课题，各个层面项目及课题命中全面开花，获批各类项目及课题 257 项，其中获批国家各类计划项目及课题 85 项，主持的项目及课题61 项，参加的项目及课题 24 项，申请命中的国家自然科学基金项目数量较上年增长 1 倍多。获批市科学技术委员会各类计划项目及课题 42 项。其中，获得市科学技术委员会批复主持项目及课题 36 项。获批复市农业委员会各类计划项目及课题 89 项。其中，获得市农业委员会批复主持项目及课题 73 项。申报并获批市级和区县其他委办及企业等各类计划课题 11 项。横向项目立项 20 项。

全院现拥有国家食用菌工程技术研究中心、国家设施农业工程技术研究中心、国家家禽工程技术研究中心（联合共建）等 8 个国家级科研平台，拥有农业部南方食用菌资源利用重点实验室、农业部农产品质量安全风险评估实验室（上海）、农业部转基因植物环境安全监督检验测试中心（上海）等 12 个农业部科研平台，拥有上海市农业遗传育种重点实验室、上海市设施园艺重点实验室、上海数字农业工程技术研究中心等 15 个上海市科研平台。2016 年全院积极推进农业部农业基础性长期试验站建设，以现有试验基地为布局基础的实验站布点方案已初步获得农业部认可；农业部南方食用菌资源利用重点实验室在"十二五"期间运行评估中获得优秀；4 名专家入选上海市现代农业产业体系建设首席专家；加强科技创新联盟，主动融入国家农业科技创新联盟，在根据国家农业科技创新联盟要求推进各项工

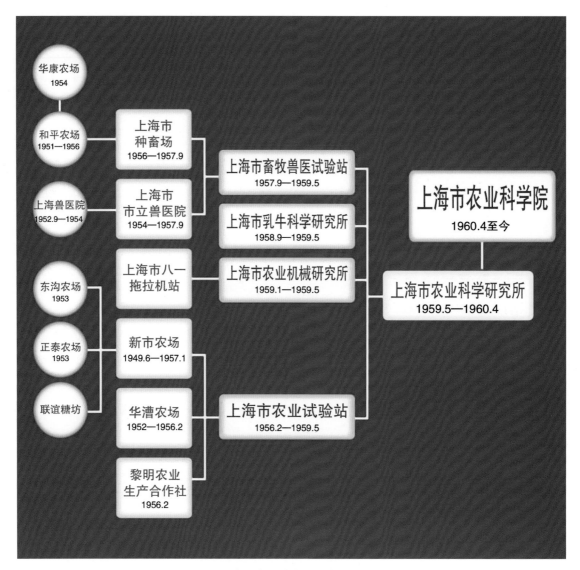

上海市农业科学院历史沿革

作的同时，先后加入华东农业科技创新联盟、全球农业大数据与信息服务联盟、国家智慧农业科技创新联盟，稳步推进协同创新。

2016 年全院入选上海市科学技术奖获奖项目 4 项，其中"基于香菇全基因组序列的分子标记开发及应用"获技术发明二等奖，"沪绿系列中晚熟西兰花杂交品种的选育和应用""断奶仔猪多系统衰竭综合征防控新技术的建立及应用"和"优质鲜食加工兼用型草莓新品种'久香'的育成与应用"3 项获科技进步三等奖。我院参与完成的"节粮优质抗病黄羽肉鸡新品种培育与应用"项目获得 2016 年度国家科学技术进步奖二等奖。另外，参加获得 2014—2016 年度全国农牧渔业丰收奖二等奖、三等奖各 1 项，分别是"'秋优金丰''花优 14'杂交新组合高产技术集成示范与推广"和"上海市生猪科技入户工程"。2016 年全院申请国家发明专利 101 件、实用新型专利 3 件，获得授权发明专利 40 件、实用新型专利 10 件；申请农业植物新品种权 20 件、授权品种权 36 件；获行业标准和地方标准 4 件，获得软件著作权 8 件。通过国家审定（鉴定）、省市级审认定品种 28 个。出版主编著作 2 部、参编著作 8 部，发表学术和科技论文 346 篇，其中 SCI 论文 59 篇，SCI 收录的论文影响因子总和达到 141.11。

全院现今确立了粮油作物种质创新与推广应用、园艺作物新品种选育与高效栽培、食用菌种质创制与产业化技术、畜禽健康养殖与疫病防控、生态农业与植物有害生物防控、农产品质量安全与风险评估、农业种质资源保存评价与创新利用、都市农业理论与数字农业技术、重要果树花卉种质创新与高效栽培、生物高效育种技术创新与应用十大学科领域。2016 年全院学科领域建设专项经费较上年增长 1 倍多。根据市财政要求对我院 2014—2015 年学科领域建设工作开展绩效评估，考核结果为优。深入贯彻人才强院发展战略。推进"青年成长""助跑""攀高"等人才培育计划；加强科技领军人才等优秀人才推荐工作，引进成熟人才 4 名，录用博士毕业生等 33 名；2 位同志获政府特殊津贴；13 名高级专业技术人员

上海市农业科学院为南极长城站科考站建造的全透光温室

被聘为上海海洋大学硕、博士研究生导师；多位同志获上海市农业领军人才、闵行区领军人才、农业外交官储备人才、市青年拔尖人才等荣誉称号。

认真谋划，提出上海都市现代农业科技创新中心建设设想，召开上海都市现代农业科技创新中心成立会议；推出农业科技成果转化路演，使创新链更好服务于产业链，多项自主知识产权成果成功签订转让协议，转让合同金额达 1 338.7 万元。注重新品种的选育，加强技术集成示范推广。杂交粳稻"花优 14""申优 17"等组合推广面积超过 37 万亩，占本市杂交粳稻 50% 以上；甜玉米品种"夏王"获全国 2016 十佳甜玉米展示品种，"申科甜 602"上海鲜食玉米品种展示金奖；鲜食黄桃"锦香"等"锦"字系列种植面积超过 35 万亩，辐射华东地区、长江流域、西部地区以及南方地区，成为全国鲜食黄桃产业的领头羊；国际上首次构建了食药同源的珍稀食药用菌牛肝菌、羊肚菌、松茸和姬松茸中营养因子数据库；开展畜禽优良品种选育、健康养殖、疾病综合防治、动物诊疗等关键技术的研发；探索高效生态农业模式，筛选出多种具有较高产量较低碳温室气体排放的低碳型水稻；新型蔬菜水肥一体化生产模式方面形成了 4 种蔬菜水肥一体化主要生产模式，平均每亩可节水 85.64t，节肥 44.05%；围绕农产品质量安全研究进行了真菌毒素新型分析检测技术建立、多种食用农产品中真菌毒素危害因子筛查和标准物质制备；合成生物学技术取得突破，利用多基因构建叶酸全合成途径，获得了一批富含叶酸的转基因水稻新种质，首次在国内完成了转基因棉花对产地水体影响的研究；筛选到一批耐低氮、赤霉病抗性提高的大麦 DH 株系；获得一批节水抗旱稻新品种；"节水抗旱稻"标准术语、抗旱性鉴定技术规程等标准获国家颁布。院推荐的日本鸟取大学食用菌领域专家北本丰教授荣获 2016 年度上海市白玉兰纪念奖，这也是我院自 2007 年以来连续十年获此殊荣。

（十一）江苏省农业科学院

江苏省农业科学院是由省政府直接领导的综合性农业科研机构，前身为 1931 年国民政府创立的中央农业实验所，是我国最早按照现代农业科技创新组织架构建立的农业科研院所，在我国农业科技发展史上具有重要地位和深远影响。新中国成立后，历经华东农科所、中国农业科学院江苏分院等历史时期，1977 年更名为江苏省农业科学院，是由省政府直接领导的综合性农业科研机构。

院部位于风景秀丽的紫金山南麓，占地面积 1 916 亩，在南京市溧水区和六合区分别建有 1 218 亩的植物科学基地和 3 316 亩的动物科学基地；在盐城建有 1 000 亩的沿海现代农业科技创新与示范基地。全院共有 24 个研究所，在院本部按专业划分设有 13 个专业研究所；在全省按照农业生态区划分别建有 11 个农区所。这种以院带所、全省一盘棋的科技创新体系和管理模式在全国独树一帜，受到国家有关部门的高度肯定。全院现有 30 个农业部、科技部平台。

全院院部职工 1 139 人，高级职称 601 人（正高 200 人，副高 401 人），其中博士 418 人，硕士 366 人；农区所编制内人员 1 052 人，高级职称 346 人（正高 107 人，副高 239 人），其中博士 79 人，硕士 290 人。

2016 年全院新上各类课题 980 项，新增合同经费、到账经费首次同步突破 4 亿元，双

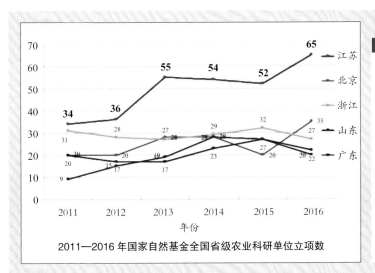

2011—2016 年国家自然基金全国省级农业科研单位立项数

2016 年度国家自然基金立项数排名		
排名	单位	立项数
1	上海交通大学	901
2	浙江大学	702
3	中山大学	638
4	华中科技大学	579
5	北京大学	552
6	复旦大学	551
7	清华大学	478
8	西安交通大学	435
9	同济大学	426
10	中南大学	409
⋮		
137	江苏省农业科学院	65
1499	中德科学基金研究交流中心	1

农业知识产权创造能力位居全国科研教学机构前列

排名	教学科研单位	农业知识产权创造指数 (%)
1	中国科学院	100.00
2	中国农业科学院	53.65
3	浙江大学	35.08
4	中国农业大学	30.39
5	中国水产科学研究院	28.14
6	江南大学	27.19
7	江苏省农业科学院	19.12
8	华中农业大学	18.66
9	南京农业大学	18.13
10	西北农林科技大学	14.06

排名	植物新品种权申请		植物新品种权授权	
	申请人	数量	品种权人	数量
1	江苏省农业科学院	458.4	江苏省农业科学院	247
2	黑龙江省农业科学院	389.5	黑龙江省农业科学院	166.5
3	中国农业科学院	367.74	中国农业科学院	104.5
4	山东省农业科学院	217	云南省农业科学院	103.5
5	安徽省农业科学院	201.5	山东省农业科学院	93
6	云南省农业科学院	199	吉林省农业科学院	92
7	北京市农林科学院	160	河南省农业科学院	85
8	四川省农业科学院	141.5	四川省农业科学院	67.5
9	河南省农业科学院	136.5	河北省农林科学院	65
10	河北省农林科学院	132.5	安徽省农业科学院	63.5

2016 年农业知识产权创造能力

双达到 4.8 亿元。主持国家重点研发计划课题 8 项，总经费 5 065 万元。国家自然科学基金立项继续高位增长，年立项数达到 65 项，连续五年领跑全国同类型单位，接近第二名的 2 倍；在全国 1 499 家资助机构中位居第 137 位。含金量高、影响力大的国家自然科学基金重点项目时隔 22 年再次落户我院。青年重点人才类项目填补了空白，首次获得省杰出青年基金项目和首届省优秀青年基金项目。科研后劲凸显，人才锋芒渐露。

重大成果奖项再获突破，植物保护研究所周益军研究员主持完成的"水稻条纹叶枯病和黑条矮缩病灾变规律与绿色防控技术"喜获 2016 年国家科学技术进步奖二等奖。全年获部省级以上科技成果奖励 18 项。

知识产权创造指数继续名列前茅，全院授权专利 302 项，其中发明专利 220 项；授权植物新品种 84 项，被农业部授予中国植物新品种培育领域"明星育种科研单位"称号。农业知识产权创造指数位列全国教学科研单位第七，高居省级同类单位之首；植物新品种授权总数位居全国教学科研单位第一；农化领域发明专利总量在全国排名第六、省级农业科研单位第一。

科技产出效用影响扩大，91 个作物品种通过省级以上品种审（鉴）定，其中"扬麦25""淮稻20""苏甘27"等 15 个品种通过国家审（鉴）定，12 项成果通过省级以上新农药、新肥料和新食品市场许可；9 项成果通过省级以上成果鉴定。25 项技术入选省级以上主推技术，"秸秆块墙体日光温室"被国家发展和改革委员会和农业部联合列为"十三五"农作物秸秆综合利用重点示范技术。年度 SCI(EI、ISTP) 收录论文达到 255 篇，比 2015 年增长 17.5%。

一些领域取得重要进展，首次研究获得高抗水稻黑条矮缩病的新资源；成功研发出小

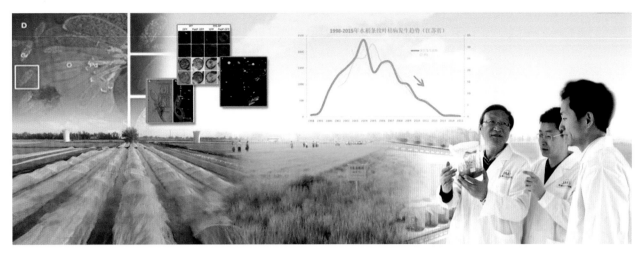

水稻条纹叶枯病和黑条矮缩病灾变规律与绿色防控技术获国家科学技术进步奖二等奖

麦镰刀菌毒素全程管控技术体系，使小麦籽粒中镰刀菌毒素含量降低 30%~40%，并示范应用；研发了具有国际先进水平的牵引式果园风送喷雾机并在国际农机展上崭露头角；杜鹃花种质资源库被中国花卉协会认定为首批国家杜鹃花种质资源库。

2016 年为江苏省农业科学院的平台建设年，通过全面梳理院平台建设现状，围绕"资源配置优、创新能力强、服务水平高、运转能力好"平台体系建设目标，启动十大类科研平台建设运行管理。强化已有平台运行，开展农作物种质资源保护与利用平台、信息化平台等谋划布局，推进农业部重点实验室、省部共建国家重点实验室培育基地等建设，"国家农业植物新品种 DUS 测试体系建设农业部植物新品种测试（南京）分中心"改扩建项目进入公示；"农业部农产品质量安全控制技术与标准重点实验室"等 4 个省部级创新平台启动建设或试运行。10 个省部级以上平台通过主管部门绩效评估，其中"国家兽用生物制品工程技术研究中心"等 3 个平台评估"优秀"。突出重大平台建设，新争取农业工程和种养结合 2 个农业部专业性重点实验室，全院进入农业部重点实验室（站）体系的平台达到 13 个。与智利大学农学院、韩国生命工学研究院等建立多边合作平台 2 个；与国际半干旱地区热带作物研究所、澳大利亚莫道克大学等建立双边合作平台 7 个；"热带亚热带季风气候区食用豆新品种选育国际科技合作基地"启动建设。注重新型平台培育，加强金陵农科讲坛等高端学术平台的打造，启动院工程实验室的遴选建设。

全院紧跟国家形势变化要求，深入探索现代院所发展规律，积极推进内涵式发展。全面开展学科体系建设，以学科建设为抓手，引导科技资源凝聚和科技竞争力建设。启动重点学科建设参照系学习调研，在全国范围内对标找差；开展农区所特色学科建设成效评估，促进学科建设调整。遴选认定优质芋头等 13 个区域特色鲜明、产业规模小、行业影响大的"小而特"学科，促进发展目标明晰和发展定位明确。

（十二）浙江省农业科学院

浙江省农业科学院前身为清末宣统元年（公元 1908 年）创办的浙江省立农事试验场。新中国成立后，省政府对浙江省农业改进所进行了整编。1951 年 1 月改名为浙江省农业科学研究所（以下简称省农科所）。继 1957 年 12 月 17 日、1958 年 1 月 5 日周恩来总理和毛泽东主席先后视察省农科所后，省委将省农科所定为省直属单位。1960 年 2 月改为浙江省农业科学院。

全院下设畜牧兽医、作物与核技术利用、植物保护与微生物、农村发展、蔬菜、蚕桑、农产品质量标准、环境资源与土壤肥料、园艺、病毒学与生物技术、食品科学、数字农业、花卉、玉米、柑桔、亚热带作物 16 个专业研究所，涵盖种子种苗、安全生产与生态、加工保鲜、高新技术和农村发展等五大领域。

全院现有职工 1 951 人，其中在职职工 1 031 人。在职职工中专业技术人员 799 人，其中高级 404 人，中级 344 人，初级 51 人；博士（后）325 人，硕士 275 人。中国工程院院士、发展中国家科学院院士 1 人，省特级专家 3 人，享受政府特殊津贴专家 76 人，获国家、省级突出贡献中青年科技专家称号 19 人次，国家创新人才推进计划中青年领军人才 1 人，国家百千万人才工程国家级人选 2 人，国家级杰出人才 1 人、省级 2 人，省"新世纪 151 人才工程"第一层次 9 人、第二层次 59 人、第三层次 102 人。

2016 年是全面深化改革的关键之年，也是落实院"十三五"规划的开局之年。全院牢固树立五大发展理念，紧紧围绕"两富""两美"浙江建设，聚焦粮食安全、食品安全、生态安全、农民增收和美丽乡村建设等重大科技需求，着力构建学科、平台、项目、成果及科技服务五位一体的科技创新与服务系统。深入开展调查研究，强化主动设计，注重协同管理，努力提高科技支撑"三农"能力。经全院职工共同努力，取得了显著成效。

全年到位科研经费 2.586 亿元，比上年增长了 17.55%。其中国家级经费 12 162 万元、省级经费 9 127 万元、地市级经费 1 408 万元，横向经费 3 162 万元。启动实施国家重点研发计划先行试点专项项目"长江中下游水稻化肥农药减施增效技术集成研究与示范"，该项目是中央财政科技计划管理改革以来设立的第一批项目，是"十三五"国家竞争性科学计划项目的第一批项目。启动实施省重点研发计划项目"鸭新型呼肠孤病毒病灭活疫苗及其产业化技术研究"等 9 项。牵头实施"十三五"省农业新品种选育重大科技专项 9 个协作组中蔬菜、果品、畜禽和食用菌等 4 个领域和粮食领域旱粮专题的协作攻关。此外，19 项国家重点研发计划项目（课题、任务）、27 项国家自然科学基金项目、6 项省重点研发计划项目，22 项省公益、软科学及分析测试项目，14 项省自然科学基金项目，14 项省"三农六方"农业科技协作项目，2 项新疆、青海科技对口支援项目等共计 104 项省部级以上项目获得立项资助。

2016 年全院获省部级以上奖励（含社会力量设奖）共 16 项，院为第一完成单位获奖 11 项，其中省科技进步一、二等奖各 3 项，中国轻工业联合会技术进步一等奖 1 项。参与申报的"设施蔬菜连作障碍防控关键技术及其应用"获国家科学技术进步奖二等奖；组织申报的"基于创意农业的甘蓝型油菜新品种的选育与应用"获 2015 年浙江省农业厅技术进步一等奖，参与申报的 4 项成果获浙江省农业厅技术进步一、二等奖和农业丰收二等奖。通过省审定品种 14 个，不育系 2 个，另 3 个获江西、安徽引种许可、鉴定登记。获授权发明专利 70 件，实用新型专利 16 件，品种权 8 件，软件著作权登记 21 件；主持或参与制定并颁布国家、行业和省地方标准 7 项。

省部共建国家重点实验室培育基地顺利通过一期总结验收，启动二期建设。观赏作物资源开发国家地方联合工程研究中心（浙江）获批建设。浙江省国家农作物抗性鉴定试验站获农业部批复建设。组织申报农业部重点实验室 5 个，其中创意农业、农产品信息溯源、果品产后处理 3 个实验室获批建设（试运行两年）。浙江省果蔬保鲜与加工技术研究重点实验室、浙江省创意农业工程技术研究中心等省级平台顺利通过验收。在省科技厅组织的省级重点实验室（工程技术研究中心）2014—2016 年度绩效评价中，我院 8 个省级重点实验室（工程技术研究中心）6 个考核优秀，2 个考核良好，优秀率达 75%，远高于全省 35% 的平均优秀率。新增与安吉、吴兴（湖州市农业局）、普陀、青田、桐庐、兰溪、上虞等地政府合作，在安吉、吴兴、普陀、青田及上虞共同设立了农业工程技术研究中心，累计已与 30 多个县（市区）开展紧密型科技合作。全年实施地方科技合作项目 120 多项，委派科技人员下乡技术指导 1 523 批次、3 808 人次，推广新品种 497 项（次）、新技术 429 项（次），建立科技合作示范基地 307 个，基地面积 5 万余亩。举办各类技术现场会和培训会 480 余次，合计培训 23 026 人次。科技合作在促进地方主导产业发展水平、增加农民收入中发挥了积极作用。淳安县杨建威果蔬专业合作社在科技人员技术指导下，改莴笋大苗种植为小苗种植，产量翻了一番以上，亩产量达到 3 000kg 以上，亩产值达到 12 000 元以上。

与澳大利亚新南威尔士州初级产业部共同组建"国际橄榄油品质研究中心"，开展高品质橄榄油质量和安全方面的技术合作。主持召开"农产品产地溯源与鉴别技术国际研讨会"，邀请新西兰、日本、韩国及中国清华大学等专家共同研讨同位素检测技术及应用。聘请 3 名外籍专家加盟我院研究团队，开展纳米技术在植物基因功能研究中的应用、基于植物病毒的纳米疫苗研发以及高光谱成像技术在农作物病虫害防控中应用等内容的短期合作研究。与英国詹姆斯哈顿研究所签署了第二轮为期五年的合作备忘录，与澳大利亚新南威尔士州初级产业部、美国伊利诺伊大学香槟分校（农业、消费者与环境科学学院）签署合作备忘录。加强了与美国威斯康辛大学在畜牧领域、与佛罗里达大学在柑橘领域等的合作。我院承建的"浙江农业国际科技合作基地"在 2016 年国家国际科技合作基地评估中获优秀（优秀率仅11%）。组织申报浙江参与"一带一路"科技合作专项 1 项，参与申报欧盟"地平线 2020"计划项目 4 项，其中"构建有效、有力和可持续的欧盟—中国食品安全伙伴"等 2 个项目获欧盟立项。

（十三）福建省农业科学院

福建省农业科学院成立于 1960 年，是一所综合性农业科研机构。设有亚热带农业研究所、水稻研究所、茶叶研究所、植物保护研究所、畜牧兽医研究所、果树研究所、作物研究所、土壤肥料研究所、农业生态研究所、生物技术研究所、农业工程技术研究所、农业经济与科技信息研究所、农业质量标准与检测技术研究所、农业生物资源研究所、食用菌研究所以及科技干部培训中心 16 个研究（服务）机构；建有博士后科研工作站和中国农业科学院研究生教学实习基地。

全院现有在职职工 1 033 人，其中科技人员 827 人（具有正高级职称 131 人、副高级职称 266 人、中级职称 369 人，博士学位 133 人、硕士学位 398 人）；拥有中国科学院院士 1 人，国家级专家 6 人、省级专家 15 人、享受国务院政府特殊津贴 74 人、国家"百千万人才工程"人选 5 名、省"百千万人才工程"人选 39 名。2016 年，1 人获"第八届福建紫金科技创新奖"，1 人获"福建青年科技奖"，1 人荣获"福建省优秀共产党员"称号，4 人入选第二批福建省科技创新领军人才，2 人入选第二批福建省百千万工程领军人才。

全院坚持以应用研究和开发研究为主，适当开展基础研究与应用基础研究，在水稻育种（超级稻、水稻抗瘟育种、转基因水稻）、果树育种（枇杷、龙眼）、茶树育种（乌龙茶品种）、畜禽疫苗（番鸭细小病毒病）、水产动物免疫技术（鱼类黏膜免疫）、农业微生物（生物农药 BtA、生物肥药 ANTI-8098A、微生物发酵床、微生物保鲜等）、植物病虫害防治（捕食螨、柑橘黄龙病）、农业生态（水土保持、红萍资源）等方面研究居世界先进水平。

2016 年，全院新增科技项目经费总额 1.23 亿元。新增立项省级以上科技项目 241 项，经费 13 428.89 万元，其中：科技部、农业部、国家自然科学基金委员会等国家部委项目 47 项 5 103.89 万元，省级科技项目 194 项 8 325 万元。

2016 年，全院经评审的科技成果 30 项。获 2015 年度福建省科学技术奖一等奖 1 项、二等奖 6 项、三等奖 9 项，2014—2015 年度中华农业科技奖二等奖 1 项，2016 年度福建省标准贡献奖三等奖 1 项，2015 年度福建省专利奖一等奖 1 项、二等奖 1 项、三等奖 2 项，2016 年第十八届中国专利优秀奖 2 项，2012—2013 年度神农福建农业科技奖一等奖 1 项、二等奖 3 项、三等奖 5 项，福建省第十一届社会科学优秀成果奖三等奖 1 项。评选出福建省农业科学院科学技术奖一等奖 4 项，二等奖 8 项，院青年科学技术奖一等奖 2 项、二等奖 3 项、三等奖 5 项。全年发表科技论文 776 篇，其中国外发表 83 篇。出版专著 19 部。7 个农作物新品种通过国家审（鉴）定，其中我院为第一单位的 5 个；31 个农作物新品种通过福建省农作物品种审（认）定，其中我院为第一选育单位的品种 25 个。申请专利 260 件，其中发明专利 173 件，实用新型 87 件；获授权专利 197 件，其中发明专利 79 件、实用新型专利 118 件；授权软件著作权 4 件。成果技术转让 9 项，金额 137.15 万元。1 个行业标准和 7 个福建省地方标准获批准颁布实施。

2016 年，全院实施优良蛋鸭、澳洲龙纹斑、坛紫菜等 10 个种业创新项目，以及水稻智能化育种、太子参、油用牡丹等 19 个种业专项。已收集、保存农业生物资源 2 万多份（株、个），新建或改扩建种苗繁育等基地 190 个，示范推广 47 万多亩、食用菌 3 000 多万袋（瓶）、畜禽良种 438 万只，辐射推广设施大棚栽培新品种新技术 16.7 万多亩，培育珍贵树种、花卉苗木、水产苗种等 1.7 亿多株（袋、粒、瓶、尾），建成一批养鱼、养羊、养鸭等智能化种业装备，新增社会产值 15 亿元以上。

2016 年，农业部植物新品种测试福州分中心（DUS）和农业部福州热带作物科学观测试验站建设项目获农业部批复，微生物菌剂开发与应用国家地方联合工程研究中心获国家发展和改革委员会批复。至 2016 年年底，全院拥有国家水稻改良中心福州分中心等 4 个国家级重点实验室，国家水稻改良中心福州分中心等 4 个农业部农作物改良中心，福建省农业遗传工程重点实验室等 11 个省级重点实验室，福建省水稻转基因育种工程技术研究中心等 17 个省级工程（技术）研究中心。建有国家果树种质福州龙眼、枇杷圃等 3 个国家与省级种质资源圃，农业部福安茶树资源重点野外科学观测试验站等 3 个野外科学观测试验站，农业部福州作物有害生物科学观测实验站等 8 个农业科学观测实验站，农业部超级稻原原种扩繁基地等 5 个国家区域试验站和原原种扩繁基地，国家甘蔗产业技术综合试验站－漳州综合试验站等 9 个现代农业产业技术体系综合试验站，福建省农业生物药物研究与应用平台等 6 个省级科技创新共享平台，1 个农业部农业科技创新与集成示范基地。

2016 年，举办省科学技术协会重点学术活动"现代循环农业发展战略与技术创新学术研讨会"和学术年会分会"生态农业经济区与美丽乡村建设"，以及承办中国科学技术协会学术专题"水稻病虫害绿色防控战略研讨会"。组织派出 13 批 23 人次的科技人员赴荷兰、以色列、菲律宾、日本、中国台湾等国家和地区（其中出国 9 批 19 人次；赴台 4 批 4 人次）进行合作项目洽谈、交流访问、研修等任务；接待来自以色列、欧盟、缅甸、中国台湾等国家和地区 8 批 30 人次来访。与福建万农高科农作物育种研究院、泰国鸿展农业有限公司开展"一带一路"科企战略性技术合作；与宁夏农林科学院、固原市政府签订合作协议，联合实施闽宁农业科技合作项目，开展协同攻关、试验示范与人才培养。

2016 年，全院继续围绕促进农民增产增收和提升现代设施农业技术主线实施科技下乡"双百"行动计划，组织实施 173 个科技示范项目，开展水稻、蔬菜、茶叶、中药材等新品种及设施农业、动物防疫等技术的示范推广，建立一批特色农业示范基地。服务企业 118 家、农民合作社（家庭农场）72 家，引进、示范新品种 258 个、新技术 148 项，示范片 3 万亩，畜禽 36 万头（羽），食用菌 2 万 m²、11 万袋，带动企业增加经济效益 1.67 亿元。科技人员下乡 6 700 多天（次），培训企业人员、农民 8 400 人次，辐射推广畜禽 596 万头（羽），食用菌 30 万 m²、105 万袋，新增社会经济效益 3 亿元。在屏南、政和、云霄等 23 个重点扶贫县实施扶贫项目 150 项，精准带动 200 个贫困农户脱贫。继续开展"福建省农村实用技术远程培训"，涉及粮食、水果、畜禽水产、花卉苗木等主导产业以及设施农业、食品加工等领域，全年培训人数 109.35 万人次。

（十四）江西省农业科学院

江西省农业科学院成立于 1934 年，是全国较早设立集科研、教育、推广三位一体的省级农业科研机构。1934 年，被命名为江西省农业院。新中国成立后，在党和政府的重视下，江西省农业科研机构不断发展、壮大，先是在 1948 年成立了江西省农林试验总场，并于 1950 年改名为江西省农业科学研究所，后根据现代农业发展的需要，于 1975 年组建了江西省农业科学院，而后沿用至今。该院成为推进江西省农业科技发展的重要机构。

全院设有 6 个机关处室、2 个管理中心：党委办公室、办公室、科技处、开发处、计财处、人事处、后勤服务中心、基地管理中心；15 个研究所（中心）：水稻研究所、土壤肥料与资源环境研究所、作物研究所、园艺研究所、畜牧兽医研究所、植物保护研究所、农产品质量安全与标准研究所、农产品加工研究所、蔬菜花卉研究所、农业应用微生物研究所、农业经济与信息研究所、农业工程研究所、原子能农业应用研究所、江西省超级水稻研究发展中心、江西省绿色农业中心。全院设有作物学、园艺学、畜禽水产学、农业资源与环境学、农业应用微生物、农产品加工、农产品质量安全、农业工程、农业经济与信息等九大学科。

全院现有在职职工582人，其中专业技术人员465人，专业技术人员中具有正高职称资格的66人，具有副高职称资格的171人。有博士94人，硕士136人，硕士以上学历人才占在职职工的39.5%。全院现有1名中国工程院院士、1名全国杰出专业技术人才、1名"万人计划"青年拔尖人才，1名"杰出青年科学家"，2名江西省突出贡献人才，在职享受国务院特殊津贴专家19名和省政府特殊津贴专家8名；13名专家入选"赣鄱英才555工程人选"，28名专家入选"省百千万人才工程人选"；江西省青年科学家（井冈之星）培养对象3人；省级学科带头人12名，省部级优势创新团队负责人6名。农业部聘任的国家现代农业产业技术体系岗位专家4名和试验站站长9名。

2016年，全院在研各类项目317项，新上项目167项，院外项目新增共134项，其中新上国家自然科学基金11项，其他国家、部委各类科技项目新上39项，在研114项；新上江西省科技计划项目45项，省农业产业体系项目14项，在研114项；新上其他横向项目25项，院创新基金立项30项。科研项目经费合计10 400万元。

全院已建成国家级科技平台2个，分别为国家红壤改良工程技术研究中心、水稻国家工程实验室；省部级科技平台（包括中心、观测站、重点实验室等）18个；院建重点实验室8个；省部级科研创新团队6个，分别为红壤改良与资源高效利用创新团队（农业部科研杰出人才及创新团队）、东野有利基因育种创新团队、水稻育种技术创新团队、家禽科学与技术知识创新团队、油菜遗传改良与配套技术研究创新团队、农业环境资源利用技术创新团队；院建科研团队24个；所建科研团队36个。

全院已建有4个科研试验基地，即海南南繁基地200亩、东乡基地210亩、鄱阳湖生态经济区现代农业科技创新示范基地5 980亩、院本部基地（含横岗基地）占地1 500亩。

2016年，全院获得各级各类奖项13项。其中：作为第一主持单位，获得全国农牧渔丰收奖农业技术推广成果奖二等奖2项、三等奖2项、全国农牧渔业丰收奖农业技术推广合作奖1项，江西省科技进步奖一等奖1项、三等奖1项，作为第二参与单位，获得国家科学技术进步奖二等奖1项、全国农牧渔业丰收奖一等奖1项。其他奖励4项。

2016年，全院授权专利44项，其中发明专利25项；新品种审定15个。发表论文184篇，其中发表SCI论文22篇。重大效益的技术推广2项，新品种示范推广5个，推广应用

全国农牧渔业丰收奖
农业技术推广成果奖二等奖

国家科学技术进步奖二等奖

全国农牧渔业丰收奖
农业技术推广合作奖

面积 1 500 余万亩。

围绕国家支撑计划"长江中游东部（江西）水稻节水节肥丰产技术集成与示范"任务，2016 年度进一步开展了双季稻丰产、节水、节肥关键技术创新及其调节效应研究，并在平原区和丘陵区进行双季稻节水节肥丰产技术的集成示范，扩大推广应用规模。形成"平原双季稻丰产节水节肥综合技术模式"和"丘陵双季稻丰产节水节肥综合技术模式"各 1 套，建立技术攻关试验基地 6 个，技术示范基地 26 个。依托项目培养硕士研究生 2 名；发表论文 9 篇；申请专利 1 项。获全国农牧渔业丰收奖农业技术推广成果奖二等奖、合作奖各 1 项。

"赣浙稻区及桔园绿肥利用技术集成研究与示范"作为公益性行业（农业）科研专项"绿肥作物生产与利用技术集成研究与示范"的主要任务，2016 年主要工作有两方面：一是对过去 8 年的研究数据进行梳理总结，凝练标志性成果，为课题验收做准备；二是继续定位研究等量紫云英下化肥减施技术、水稻化肥减量后的氮肥施用方法、等氮钾下水稻紫云英与化肥配施技术、紫云英氮与稻草碳互济调控技术、紫云英最佳翻压量、紫云英最佳翻压时间，为水稻化肥减施增效提供技术及理论支持。制定地方标准 1 项，获得发明专利授权 1 项、实用新型专利 1 项，申报专利 3 项，获得成果奖励 1 项，发表论文 30 篇、出版著作 2 部，培训农技人员 1 200 人次，培训农民 5 000 人次。

（十五）山东省农业科学院

山东省农业科学院是山东省政府直属的综合性、公益性省级农业科研单位，是国家农业科技黄淮海创新中心和山东省农业科技创新中心承建单位。该院科研历史发轫于 1903 年清政府在济南东郊创办的山东农事试验场，历经晚清、民国、抗战、中华人民共和国成立前，科研工作未曾间断。1946 年秋，我党在革命老区莒南县成立山东省农业实验所；1948 年定址济南，并接收了国民党时期的农业科研机构；1950 年改称山东省农业科学研究所；1959 年正式扩建为山东省农业科学院，是山东省政府直属的综合性、公益性省级农业科研单位，是国家农业科技黄淮海创新中心和山东省农业科技创新中心承建单位。全院拥有 12 个处室、24 个研究试验单位和 18 处有业务关系的分院，并设有 1 处博士后科研工作站。

全院现有在职职工 2 080 人，具有高级专业技术职务资格 753 人，博士 341 人、硕士 476 人。主要研究领域涵盖山东乃至黄淮海区域农业发展所需的粮经作物、果树、蔬菜、畜禽、蚕桑、资源环境、植物保护、农产品质量安全、农产品精深加工、农业微生物、农业生物技术、信息技术、农业机械等 50 多个学科，为黄淮海地区农业科技发展提供了有力支撑。

2016 年，全院科研立项经费突破 3 亿元大关，启动实施了国内首个省级农业科技创新工程，获得省财政的稳定支持，真正建立起稳定支持与适度竞争相结合的科研立项机制。全院新上项目 600 余项，总经费达到 3.35 亿元，其中，国拨经费 1.9 亿元，省拨经费 1.2 亿元。参与承担国家重点研发计划课题任务 70 余项，国拨经费 6 400 余万元；国家产业技术体系 2 420 万元；国家自然基金 25 项，1 002 万元。争取到山东省产业技术体系 9 个首席、46 个岗位和 8 个站长，经费 1 580 万元，首席专家数量位居全省第一。争取到山东省重点研发计划、山东省农业良种工程、山东省自然科学基金共立项 71 项，总经费 2 303 万元；争取到山东省农业重大应用技术创新项目 21 项，立项经费 980 万元，立项数量与资助经费再创新高。农业科技创新工程顺利启动实施，2016 年组织完成了首批 31 个任务团队建设和 10 个基础理论研究任务，共有 61 个单位 577 人参与团队任务实施，初步形成了协同创新、开放合作的工作格局。

2016 年全院共获得各级各类奖励 63 项，在山东省科技奖农业类一等奖 3 项中，主持完成 2 项、参加完成 1 项；同时参加完成国家技术发明二等奖 1 项，获得山东省科技进步

二等奖6项，中国专利奖优秀奖1项，全国农牧渔业丰收奖3项，山东省农牧渔业丰收奖6项。全院获得授权专利442项，其中，发明专利授权222项；获得审定品种62个，授权植物新品种权34件、软件著作权285件。根据《中国农业知识产权创造指数（2016）》报告，该院农业发明和实用新型专利排名，位列全国教学科研单位第七位，居全国省级农科院首位。

2016年全院组织编报4批19个农业部平台建设项目，获批9项，其中6项正式下达投资计划，国拨总经费5 536万元；新增农业部重点实验室3个，成为拥有农业部重点实验室和试验站数量最多的省级农科院。在农业部开展的重点实验室"十二五"建设运行评估中，该院承建的5个重点实验室全部为优秀，7个实验站中2个为优秀、5个为良好。

院作物所以专用品种选育为突破口，开展了济薯系列专用甘薯新品种培育与加工利用，开发出与甘薯淀粉含量、花青素含量和胡萝卜素含量等相关的分子标记9个，利用上述分子标记并结合抗病、抗旱鉴定围，将特定性状的精准鉴定由原来的第3～4无性世代提前至第1代，形成了高效的定向集团杂交育种技术。聚合国内外优异甘薯资源，培育出不同类型的系列甘薯新品种4个，均通过国家鉴定和山东省审定。济薯18为鲜食和紫薯脯加工专用，为国内首个通过国家鉴定的紫薯品种；济紫薯1号为色素和紫薯全粉加工专用。花青素含量106.18mg/100g鲜薯（对照15.4mg/100g），比食用型紫薯品种平均高3～4倍，种植面积占国内加工型紫薯80%以上，是花青素提取和紫薯全粉加工的首选品种；济薯21为鲜食和淀粉加工专用，是山东省甘薯主推品种；济薯22号为烤薯和薯汁加工专用。首度采用动物实验验证了紫薯花青素的抗衰老、降血糖、护肝及减轻肾损伤的功能；以4个专用品种为核心，创新了紫薯脯加工工艺、紫薯全粉加工工艺、薯泥加工工艺、薯汁加工工艺，并实现了流水线规模化生产。该成果在山东、安徽、河南、福建、山西等甘薯主产区累计推广1 782万亩，新增经济效益72.4亿元。

院信息所针对农业信息资源分散、可靠有效的农业信息源严重缺乏，农业生产精准预测、预警和科学决策极其困难，农业行业多、产业链长、用户广且分散等问题和挑战，在国家科技支撑计划等项目支持下，取得如下创新性成果：创立了农业多源信息整合技术体系，提出了基于本体的农业知识图谱构建方法，国内首次创建了涵盖3 550类、530个语义关系和1.4万个本体实例的知识图谱库；突破了海量农业数据的多态超融合存储技术，构建

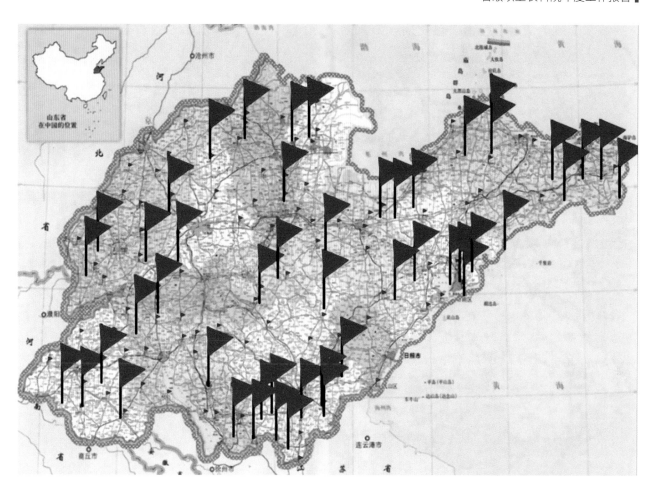

了 1 031 个结点 100TFlops 总计算能力的农业云存储环境；建立了国内蕴藏农业在线数据量最大的信息推送引擎，整合了山东及全国 24 233 个农业网站、132 个专业应用系统数据资源，有效数据日更新量达 178 万条，数据迭代日增长规模达 9TB，日均服务用户达 1 万次以上。面向主要蔬菜、果树、畜禽等领域生产决策需求，构建了涵盖气候、土壤、动植物生长等 37 个因子的复杂系统预测预警模型；创建了首个国家农村信息化示范省综合服务云平台，集成了粮食、蔬菜、果树、畜禽等十大优势产业全产业链信息服务系统，研发了系列低成本农业信息实时获取终端，实现了农业多产业、全链条、广用户的信息精准服务。在全省布局建设了综合和专业信息服务示范站点 3 151 个，实现全省 8 万余个行政村信息服务全覆盖，辐射全国 12 省市、38 个国家农业园区，累计培训 15 万余人次。促进了信息化和农业产业化深度融合，仅果茶、蔬菜、畜牧产业和综合信息服务平台新增间接经济效益 96 亿多元，在全国农业信息化建设中发挥了借鉴和引领作用，社会效益巨大。

（十六）河南省农业科学院

河南省农业科学院为河南省政府直属的公益一类事业单位，其前身是河南蚕桑局，始建于 1878 年（光绪四年），1952 年由开封迁入郑州，1959 年经省政府批准成立河南省农林科学院，1984 年更名为河南省农业科学院。全院下设院办公室、科研管理处、科技成果示范推广处、组织人事教育处、财务基建处、离退休人员工作处、后勤处、监察审计室、直属机关党委 9 个机构。下设小麦研究所、粮食作物研究所、经济作物研究所、烟草研究所、园艺研究所、植物营养与资源环境研究所、植物保护研究所、畜牧兽医研究所、农业经济与信息研究所、农业质量标准与检测技术研究所、农副产品加工研究中心、芝麻研究中心、动物免疫学重点实验室、作物设计中心 14 个公益一类科研机构和 1 个现代农业科技试验示范基地管理与服务中心公益二类事业单位。全院现有在职人员 917 人，其中，博士研究生 289 人，硕士研究生 184 人，大学专科以上学历 319 人，正高 114 人，副高 247 人，中级 355 人。

2016 年，全院共争取到纵向项目 92 项，其中国家级项目 27 项，省级项目 65 项。争取直接项目科研合同经费共计 7 292.18 万元，其中国家级项目经费 5 635.98 万元，省级科研项目经费 1 656.2 万元。2016 年度实际到账经费 1.14 亿元。其中"猪重要疫病的诊断与检测新技术研究"获得国家重点研发计划支持 3 000 万元。新立项各级各类条件平台类项目 41 项，共争取各级各类条件平台建设类项目经费合计 3 970.9 万元。其中"农业部黄淮海油料作物重点实验室""农业数据中心研发及应用平台"等 7 个农业部学科群建设项目和中央引导地方发展专项项目获得批复；省工程技术研究中心获批 3 项、星创天地获批 2 项；省科技基础条件专项资金项目获批立项 23 项。

芝麻研究中心主持完成的"芝麻优异种质创制与新品种选育技术及应用"获得国家科学技术发明二等奖；获得省科技进步奖 10 项，其中一等奖 1 项，二等奖 7 项，三等奖 2 项；获得 2016 年省农科系统科技成果奖一等奖 9 项，二等奖 2 项。

在芝麻重要农艺性状遗传解析与高产稳产新品种选育研究方面，创建了芝麻种间远缘杂交、化学诱变、遗传转化等种质创制和鉴定技术体系，创制出了一批突破性新种质，同时，研究绘制出与芝麻遗传图谱、物理图谱和基因组精细图，发掘出了与芝麻产量、品质等重要性状显著相关的大量基因新位点；首次发现了 13 个芝麻优异基因群；提出以优异基因群为育种元件开展优异基因聚合的观点，创建了复合杂交与分子标记选择相结合的育种技术体系。研究培育出了高产稳产、优质专用、适于机械化种植的芝麻新品种 6 个,新品种累计应用面积 1 257 万亩,占全国的 38.9%,新增产值 19.3 亿元。该项目获得 2016 年度国家技术发明二等奖。

郑麦 7698 获奖证书

在高产优质小麦新品种郑麦 7698 的选育与应用研究方面,郑麦 7698 于 2011 年和 2012 年先后通过河南省审定和黄淮南部国家审定,自 2014 年以来被农业部推荐为我国小麦生产主导品种,2016 年收获面积 1 300 万亩,种植面积居我国当前小麦品种第 5 位和河南省第一位,在 5 年 11 次机收测产中有 8 次亩产超过 700 kg,创我国强筋小麦品种产量记录,千亩方机收测产 752.5 kg/ 亩,大幅度提高了强筋优质小麦品种的产量水平,解决了目前强筋优质小麦品种产量水平低于高产品种的问题。获 2016 年河南省科学技术进步奖一等奖。

在花生分子标记、种质创制及新品种选育研究方面,筛选出 97 个分型较好的纯合 SNP 标记,成功对我国目前主栽 48 个花生品种进行了检测,为花生品种真实性分子标记检测行业标准的制定打下了基础。开发出 6 个新的花生细胞学探针,首次建立了花生探针染色技术,为快速鉴定花生染色体及远缘杂交后代找到了新方法;"一种异源六倍体花生的创制及鉴定方法"获国家发明专利,新获得栽野杂交种 2 个。育成花生新品种 2 个,远杂 12 和豫花 47 号花生新品种 2016 年通过河南省审定,其中远杂 12 号为珍珠豆型高产品种,豫花 47

豫芝 Dw607

郑麦 7698 景观照

号为高油品种。

在转基因水稻生产新型猪瘟病毒疫苗的研究方面，利用水稻胚乳生物反应器成功研制了猪瘟病毒疫苗。该研究在水稻稻粒中成功表达了猪瘟病毒的主要抗原蛋白，并将该蛋白制备成猪瘟病毒疫苗。免疫评价结果显示，该疫苗的免疫保护效果优于现有弱毒疫苗，并且不受母源抗体干扰。疫苗免疫仔猪后 1 周即可诱导产生高滴度中和抗体，建立针对猪瘟的免疫保护。该疫苗的成功研究为我国猪瘟病毒的净化提供了有力的技术支撑，同时也为我国动物新型疫苗的研发和产业化提供了新的思路。

（十七）湖北省农业科学院

湖北省农业科学院始建于 1978 年，是省政府直属的综合性农业科研事业单位，前身是 1950 年国家建立的 6 个大区性农业科研机构之一的中南农业科学研究所，最早历史还可以上溯至 20 世纪初，湖广总督张之洞开创的南湖农业试验场，至今有 100 多年，全院下设粮食作物、经济作物、植保土肥、畜牧兽医、果树茶叶、农产品加工与核农技术、农业质量标准与检测、生物农药、中药材和农业经济 10 个研究所（中心），8 个处室，南湖、蚕桑等 5 个试验站。

全院现有职工 4 812 人，其中，在职专业技术人员 655 人，高级职称科技人员 338 人，博士 137 人；专业技术二级岗 16 人，国家级突出贡献中青年专家 10 人，享受国务院津贴专家 76 人，省突出贡献中青年专家 38 人，省政府津贴专家 21 人；有新世纪高层次人才第一层次 4 人、第二层次 16 人。在国家现代农业产业技术体系中，我院有 26 位专家成为岗位科学家和试验站长。经过多年的发展，在粮食作物育种、高山蔬菜、植物保护、农业环境治理、畜禽育种、果树茶叶、农产品安全、生物农药、中药材等研究领域具备一定优势，在国内外具有较大影响。

2016 年，全院在研科技项目 766 项，其中新上项目 385 项目，项目及经费再创新高，实现"十三五"良好开局。项目类型和结构不断优化，实现了从数量向质量的重大转变，一批国家重大科研项目获得立项，实现了重大突破，核心竞争力不断提高。首次获得财政部中央引导地方科技发展专项，总经费达到 2 400 万元；首次主持国家转基因生物新品种培育重大专项"节粮型高瘦肉率转基因猪新品种培育"，项目总经费达到 6 026.68 万元，刷新我院单个项目经费的历史纪录；全国农作物种质资源系统调查收集专项（湖北）、农业部现代种

南坪蔬菜试验示范基地

2016年3月11日，南坪高山辣椒栽培技术培训

业提升工程、国家重点研发计划农药和化肥"两减"研究等一批国家重大项目落户我院；获得11项省技术创新专项重大项目，约占全省农口系统的30%。

科研条件进一步加强，农业部畜禽细菌病防治制剂创制重点实验室和废弃物肥料化利用重点实验室列入农业部"十三五"新增重点实验室建设计划，至此，我院共有农业部重点实验室（站）11个，其中重点实验室4个，科学观测实验站7个。湖北省高山蔬菜、湖北省农产品保鲜加工等3个省工程技术研究中心、湖北省校企共建优质杂交水稻等5个省院企共建研发中心、湖北省薯类资源创新与育种利用国际科技合作基地先后获得省科技厅认定，我院省级工程中心达到14个，院企共建研发中心达到16个，科研条件得到进一步加强。

创新能力不断提升，18个农作物新品种通过国家或省级审（认）定，其中3个水稻、3个大（小）麦品种新品种通过省级审定，牧草鄂牧2号白三叶、紫薯鄂薯13通过农业部新品种审（鉴）定。共有22项科技成果获得奖励，其中国家科学技术进步奖二等奖1项（排名第二），省部级一等奖3项。1项专利获第九届湖北省专利金奖。研究、提供农业关键技术和高效模式135项，鉴定科技成果16项，组织审定地方标准19项，颁布实施12项地方标准；获得授权专利和新品种权保护81项，软件著作权1项；发表科技论文445篇，出版著作14部。5月，全国政协副主席齐续春来院视察时，肯定我院自主创新工作。我院作为全国省级农科院唯一代表参加了全国科技创新大会，实现有为有位。

重要的科研进展，一是利用分子标记辅助育种技术培育成了抗稻瘟病两系水稻不育系E农1S。该不育系聚合有抗稻瘟病基因 $Pi1$ 和 $Pi2$，其配制的杂交稻组合对稻瘟病具有良好的抗性，是我省水稻抗稻瘟病育种的重大进展，改变了10多年来我院籼型两系杂交稻一直利用外来不育系的局面。以E农1S为母本，本院恢复系R476为父本配制的杂交中稻组合E两优476已通过湖北省农作物品种审定委员会审定。二是湖北省园艺产业重大农技推广项

栽培技术培训

农推项目东西湖健康栽培现场与农户交谈

目在东西湖区、恩施州（恩施土家族苗族自治州的简称）建立设施蔬菜优良品种及健康栽培技术示范基地，示范了67个农科院选育的优良蔬菜品种，展示了10项新技术，推广了6种高效茬口模式，主要病虫害生物防治效果达80%以上，商品化处理率提高30%，有效解决了制约东西湖区蔬菜产业健康发展的主要瓶颈问题。三是国家863计划——生物农药新剂型关键技术研究与产品创制顺利通过验收，专家组认为在生物农药新剂型、菌株选育、新产品、新工艺、新装备方面创新明显。通过产品的推广应用，产生了明显的社会经济效益，列为农业生物药物主题的5个亮点之一。

农推项目东西湖示范基地科技赶集及农产品展示

（十八）湖南省农业科学院

　　湖南省农业科学院始创于 1901 年的湖南省农务试验场，1964 年正式命名为湖南省农业科学院，为湖南省政府直管的正厅级事业单位，是一所在全国和国际上有重大影响的综合性、公益性农业科研机构。主要研究领域涵盖湖南乃至华中区域农业发展所需的水稻等粮经作物、蔬菜、果树、土肥、植保、农产品加工、农业生物技术、信息技术等学科。着力解决我省农业经济发展中全局性、区域性、长期性、公益性的重大战略与共性关键性技术问题。目前设有杂交水稻研究中心、水稻研究所、土壤肥料研究所、蔬菜研究所、园艺研究所、作物研究所、植物保护研究所、核农学与航天育种研究所、茶叶研究所、农产品加工研究所、农业生物资源利用研究所、农业信息与工程研究所、农业经济和农业区划研究所、西瓜甜瓜研究所、农业生物技术研究中心 15 个研究所（中心），2 个科研辅助工作机构和 16 个内设处室及直属机构。

　　全院在职职工 1 453 人（科研技术干部 895 人，科研辅助人员 558 人）。其中，具有正高职称（研究员、教授）133 人，副高职称 275 人；大专、本科学历 467 人，硕士以上学历 450 人（其中博士 120 人）。拥有中国工程院院士兼美国科学院外籍院士 1 人，国家有突出贡献专家、新世纪"百千万工程国家级人才"等 17 人，国家级、部级创新人才新团队 10 个。光召奖获得者、湖南省杰出贡献奖获得者、湖南省科技领军人才等 43 人，享受国务院特殊津贴专家 76 人。

　　2016 年，袁隆平院士荣获首届"吕志和奖—世界文明奖"。"辣椒骨干亲本创制与新品种选育"项目获国家科技进步奖二等奖。"兴蔬"牌系列蔬菜良种的推广应用获 2014—2016 年度全国农牧渔业丰收二等奖。10 项成果获省科技奖，其中省科技进步一等奖 3 项，省科技进步二等奖 4 项，省科技进步三等奖 2 项，省技术发明奖三等奖 1 项。2 名专家荣获"首届湖南省优秀科技工作者"称号，1 人获得"第十届湖南省青年科技奖"。审（认）定植物新品种（组合）17 个，制定技术标准（规程）18 个，新品种保护授权 7 项。2 部专著经全球知名出版社爱思唯尔出版发行。申请发明专利 135 项、实用新型 19 项，获批发明专利授权 47 项，其中发明专利 30 项；发表论文 309 篇，其中 SCI 和 EI 文章 28 篇。

　　2016 年，全院在研项目 575 项，其中新上项目 275 项，到位科研经费 2.67 亿元。国家重点研发计划七大农作物育种主持项目 1 项，参与 19 项；参与"两减"项目 9 项，粮丰工程项目 6 项。袁定阳研究员主持了"水稻杂种优势利用技术与强优势杂交种创制"项目，这是唯一——个由省级农科院主持的项目。争取国家自然科学基金立项 12 项，国家科技支撑计划项目 5 个。承担省科技厅重点研发项目 38 个。申报省自然科学基金 87 项、长沙市科技局重点研发项目 7 项和科技平台项目 3 项。

超级杂交稻百亩攻关、超级杂交稻"百千万"高产攻关示范工程、"种三产四"丰产工程、"三分田养活一个人"粮食高产工程四大攻关项目取得新成效，省政府新闻办公室举行了超级杂交稻重大进展新闻发布会，超级杂交稻研究在全国收获 7 项重大突破，其中云南个旧百亩片亩产突破 1 088kg（16.32t/hm²），再次刷新了世界纪录。以"镉低积累农作物品种筛选与选育项目"为核心，积极组织水稻、土壤肥料、油菜、蔬菜等修复治理及技术模式攻关，为探索农作物种植结构调整积累了经验。推荐应急性镉低积累蔬菜、旱粮油料、经济作物等品种共 47 个，开展了镉低积累水稻、蔬菜、旱粮油料 3 个筛选鉴定平台建设和稻田生态系统镉消长规律基础研究，进行了土壤调理剂应急性技术研发、成果转让和市场推广。开展了第三次全国（湖南）农作物种质资源调查与收集行动，收集特、优、稀的古老品种及

黄金茶带动当地劳动力就业

其野生近缘种 2 073 份，种质资源库接收农作物种质资源 645 份，分发到有关单位保存资源 2 557 份，2 390 份资源已得到扩繁，近千份资源得到了鉴定。

农业部"长江中下游优质籼稻遗传育种重点实验室""柑橘加工综合利用集成基地"和"长沙作物有害生物科学观测实验站"被纳入"十三五"全国农业科技创新能力条件建设规划。农业部"作物基因资源与种质创制湖南科学观测实验站"获准建设。"农田土壤重金属污染防控湖南省重点实验室""特色木本花卉湖南省工程实验室"分获省科技厅、省发改委批复。湖南农业物联网公共服务平台获得省农业委的立项支持。全省第三批农业产业体系中，我院获得了 3 名首席专家，9 个科学家岗位。三亚杂交水稻海棠湾繁育基地列入省重点工程。农业部"国家茶树改良中心湖南分中心""湖南耕地保育科学观测实验站""优质水稻原原种扩繁基地""湖南省新型肥料工程技术研究中心"建设顺利。成立了"农作物杂交种子检测中心""生化理化检测分析中心"两个院级平台。

积极参与国家和区域创新联盟，参加了全国农业科技创新联盟座谈会并作为 3 个省级农科院的代表之一发言。一年来，组织全院性学术交流、学术论坛和学术报告 28 场次，其中举办院士论坛 2 次，邀请院士作报告 6 次，外籍专家 4 次，国内科研院所专家作报告 18 次，累计参加人数 3 000 多人次。各单位组织和举办各类学术交流讲座、研讨会 200 多场次，国际科技交流合作进一步深化。主动融入国家"一带一路"战略，2016 年 3 月 23 日，李克强总理在"澜沧江－湄公河国家"合作会展期间，亲自向澜湄五国领导人推介杂交水稻科研成果。

辣椒骨干亲本创制与新品种选育团队

袁隆平院士考察 Y 两优 2 号高产示范片现场

（十九）广东省农业科学院

广东省农业科学院始创于 1909 年，前身为广东全省农事试验场，1926 年 7 月，广东全省农事试验场及农业讲习所部分并入国立中山大学农科学院，1931 年改称中山大学农学院。1930 年 4 月，中山大学农科学院丁颖教授在广州创办了石牌稻作试验总场，场址在石牌（今石牌村）。1950 年 1 月，广东省农林厅在广州石牌原华南区农业推广繁殖站建立石牌试验场，在原稻作改进所设大沙头试验场。1952 年 5 月，石牌试验场与大沙头试验场合并，成立广东省农业试验场，隶属省农林厅。1953 年 7 月，广东省农业试验场与华南农学院稻作试验场（前身为中山大学农学院石牌稻作试验总场）合并，以此为基础，筹备成立华南农业科学研究所。1956 年 4 月，华南农业科学研究所成立，隶属中国农业科学院。1959 年 1 月，根据中国农业科学院关于"将大区所下放到所在省领导，作为地方体制"的决定，华南农业科学研究所改为广东省农业科学研究所，隶属广东省人民政府。1960 年 5 月，以广东省农业科学研究所为基础，成立了广东省农业科学院。

全院现有下属科研单位 15 个，其中公益一类科研事业单位 8 个：水稻研究所、果树研究所、蔬菜研究所、作物研究所、植物保护研究所、农业科研试验示范场、农业生物基因研究中心、农产品公共监测中心；公益二类科研事业单位 7 个：蚕业与农产品加工研究所、动物科学研究所、动物卫生研究所、农业资源与环境研究所、环境园艺研究所、茶叶研究所、农业经济与农村发展研究所。广东省农业科学院设办公室、科研管理部、科技合作部、科技条件部、科技服务部、人力资源部、财务与资产管理部（与审计室合署办公）、党群工作办公室（与监察室合署办公）8 个部（室）。

全院现有在职职工 1 757 人，其中具有博士学位 295 人，硕士学位 488 人；具有高级专业技术资格科技人员 391 人。目前，我院有享受政府特殊津贴专家 24 人。"百千万人才工程"国家级人选 4 人、"全国杰出专业技术人才"1 人，国家"万人计划"人选 2 人，农业部农业科研杰出人才及其创新团队 5 个，国家创新人才推进计划人选 3 人，22 人、32 人分别入选国家和广东省"现代农业产业技术体系岗位专家"，农业部"杰出青年农业科学家"1 人。

2016 年，全院获各级新立项科研项目 615 项，总经费约 3.51 亿元。主持承担国家自然科学基金项目 22 项、国家重点研发专项 20 项（其中课题 4 项）、国家转基因重大专项课题

3 项。各个在研项目按计划执行，承担编制的《广东省现代农业发展"十三五"规划》顺利通过专家评审；正式启动农业部"第三次全国农作物种质资源普查与收集行动——2016 年度广东省系统调查"，新收集资源 4 240 份。

新立项"农业部华南都市农业重点实验室""中国轻工业华南农产品加工重点实验室"等国家及省级条件平台 15 个。"广州国际种业种质资源库建设"项目入选广州国际种业中心"三年行动计划"重点项目建设规划。承担建设的 10 个农业部重点实验室和观测站在"十二五"考评中有 4 个获评"优秀"等级；11 个省重点实验室在年度考评中有 2 个获得良好。华南创新中心和广东省农作物种质资源库项目也进入验收阶段。

2016 年全院获各级科技奖励 63 项，其中国家科学技术发明二等奖 1 项（排名第三），国家科学技术进步二等奖 2 项，全国农牧渔业丰收奖 3 项，省科学技术奖 15 项。全年获授权专利 83 件，其中发明专利 65 件。育成通过审定登记品种 76 个，其中国家级审定登记品种 16 个，较 2015 年增长 60%；广东省品种审定登记 44 个，占同期全省审定品种的32.4%；获得植物品种权 24 个，较 2015 年增加 140%，SCI 收录论文 147 篇。

2016 年共派出 38 批 101 人次开展国际合作研究、访问、学术交流；邀请和接待了 16 批 103 人次专家、学者、官员来院开展学术交流、合作研究及访问。推进中国 – 东盟农业科技协作，在水稻、蔬菜、病虫害防控及动物疫病防控等领域取得显著成效，与泰国在蚕桑领域合作、与柬埔寨在有害生物防控技术领域研究进一步深入，中菲共建的"广东 – 菲律宾农业科技合作基地"取得阶段性成果，召开"第一届中国 – 东盟农业科技协作网理事会暨第十届香大蕉协作网年度会议"。水稻生产领域国际合作显成效，荣获 2016 年度中国政府"友谊奖"。推进与巴布亚新几内亚、斐济、哥斯达黎加等太平洋岛国及拉美国家在食用菌、香蕉和甘薯领域的技术培训与合作以及示范基地建设合作等。

积极启动实施金颖人才计划和学科团队建设计划，已遴选出金颖之光项目培养对象 5 名，从团队建设、工作经费、岗位津贴方面给予重点支持。全年引进博士 58 名，硕士 59 名。实施攀峰、优势、特色、培育、新兴（交叉）5 个层次学科团队建设计划，已遴选出攀峰学科团队 5 个、优势学科团队 8 个、特色学科团队 12 个、培育学科团队 10 个并给予重点支持。22 人、32 人分别入选农业部和广东省现代农业产业技术体系岗位专家，有 1 人入选国家级"万人计划"领军人才、3 人入选"广东省特支计划"人才、1 人入选国家科技部创新人才推进计划、1 人入选农业部"杰出青年农业科学家"。

（二十）广西农业科学院

广西（广西壮族自治区简称广西，全书同）农业科学院始创于 1935 年，前身为著名教育家、科学家马保之先生于 1935 年创办的广西农事试验场，至今已有 81 年的历史，是广西壮族自治区人民政府直属的综合性农业科研单位。全院设有 18 个直属研究所和 100 个创新团队，共建有 12 个分院、60 个特色作物试验站，现主要从事种植业为主的应用研究及应用基础研究，重点开展粮、糖、果、菜、油、麻、食用菌、花卉等作物种质资源收集保存利用、优良品种选育及栽培、农产品加工、植物营养、植保、农业资源与环境、农产品质量安全检测等配套新技术研究。

全院现有在职职工 988 人，其中科技人员 755 人，高级职称 323 人，中级职称 410 人；博士 124 人，硕士 430 人；在站博士后 8 人，在读博士研究生 42 人。有国家级专家 28 人、自治区级专家 41 人；入选国家和自治区现代农业产业技术体系专家 54 人。

2016 年度，全院在研项目 1 426 项，完成结题或验收项目 471 项。新增各类科技项目 708 项，新增科研经费 15 253 万元，其中国家级项目 29 项、经费 1 589.5 万元；国家部门预算项目 70 项、经费 3 081.4 万元；自治区本级项目 128 项、经费 6 571.8 万元；院本级项目 216 项、经费 1 364 万元；其他项目 265 项、经费 2 646.4 万元。新增省部级科研平台建设项目 9 项，新增总投资 4 211 万元；拥有 5 个国家级作物改良分中心、2 个国家级工程技术研究中心、6 个省部级重点实验室、7 个农业部科学观测实验站、1 个农业部质检中心、15 个国家与部门级原种基地、资源圃、种质库及野外科学观测站、7 个自治区级工程技术研究中心、12 个自治区级作物良种培育中心、4 个院士工作站、1 个博士后工作站和 1 个广西作物学科人才小高地等一批高起点的科研设施和平台。全院占地面积 400 余 hm²，建有院本部、里建、明阳、隆安、海南等 5 个长期固定的科研试验基地，综合实验大楼建筑总面积 2.6 万 m²，拥有国际先进水平的成套科研仪器设备。

2016 年，完成广西科技成果登记 208 项，其中 8 项成果通过科技成果评价，2 项成果达到同类研究的国际先进水平，6 项成果达到同类研究的国内领先水平。获颁布实施广西地方标准 20 项；获国家专利授权 173 项（发明专利 72 项，实用新型专利 99 项，外观设计 2 项）；审定品种 78 个，获得品种权 7 项。获授 2015 年度广西科学技术奖 13 项

（科学技术特别贡献奖 1 项、一等奖 1 项、二等奖 7 项、三等奖 4 项），其中，"广西葡萄一年两收栽培技术研究与示范推广"获广西科学技术特别贡献奖，"早晚兼用型超级稻新品种选育及应用"获广西科学技术进步奖一等奖。获 2014—2016 年度全国农牧渔业丰收奖 2 项（二等奖 1 项、三等奖 1 项）；获广西第十四次社会科学优秀成果奖三等奖 2 项；获广西 2015 年重要技术标准奖 2 项；评出广西农业科学院科技进步奖 29 项，其中一等奖 8 项、二等奖 15 项、三等奖 6 项。获中国产学研合作创新成果奖 4 项（二等奖 2 项、优秀奖 2 项）。

全院在继续保持全区农业科技计划的优势地位上，联合院内 18 个研究所 100 个科研团队以及院外 100 多个单位，近 2 000 名科技人员持续开展作物优良品种的选育和技术集成生产模式协作攻关，形成了覆盖全区重要特色作物的协作攻关网络。水稻、玉米等主粮作物高产攻关取得新突破，丰田优 553、桂两优 2 号、特优 582 等水稻品种入围华南稻区米质最优的超级稻品种，美优 796 连续两年成为国家水稻主导品种。桂单 0810、桂单 162 玉米品种以其优越的性能，正在打破洋品种垄断广西玉米市场的局面。甘蔗、葡萄和粉垄技术等研究领域取得重大进展，桂糖系列新品种正逐步加快取代新台糖 22 号，2016 年占广西糖料蔗种植总面积的 1/5 以上。在葡萄创新技术方面广西已领先全国，获授权 9 项发明专利。"葡萄一年两收配套技术"突破了葡萄一年只能一收的旧模式，改变了我国葡萄栽培区划的格局，培训葡萄种植户 36 084 人次，使广西葡萄年产值从 2010 年的 11 亿元上升到 2015 年的 26 亿元。该院通过集成一批实用技术与成果，构建了多种主要作物增产增效综合技术生产模式。粉垄技术是该院经济作物研究所、中国农业科学院农业资源与农业区划研究所和广西五丰机械公司共同研发的成果，是一种由粉垄机械深旋耕使土壤均匀粉碎不乱土层，创造适于作物高产的土壤生态环境，并使作物根系发达、植株健壮和提高抗干旱、高温、低温等不良环境能力而实现增产、提质、保水的农业新技术，于 2012 年通过了广西壮族自治区科学技术厅组织的成果鉴定，并获得 2015 年度广西技术发明二等奖。

（二十一）重庆市农业科学院

重庆市农业科学院是以原重庆市农业科学研究所、市果树研究所、市作物研究所、市茶叶研究所、市农业机械研究所为基础，由重庆市人民政府于 2005 年 12 月批准成立的公益型农业科研事业单位。下设 9 个职能处室和 14 个研究所（中心）。

全院有干部职工 1 316 人，其中离退休人员 746 人，在职职工 570 人。在职职工中具有高级职称的专业技术人员 176 人，有博士学位 45 人、硕士学位 150 人；1 人成为新世纪百千万人才工程国家级人选，1 人成为"重庆市杰出专业技术人才"，享受国务院特殊津贴专家 25 人，重庆市学科技术带头人 9 人，后备人选 2 人，重庆有突出贡献的中青年专家 5 人，重庆市"322 重点人才工程"第二层次人选 5 人；获首届振兴重庆争光贡献奖 1 名，重庆市有突出贡献的中青年专家 5 名。

2016 年实施科技项目（课题）486 项，新增立项 290 项，结题验收 157 项，成功争取到国家（部）级项目 8 项，省级项目 54 项，其中国家科技部粮丰工程子课题立项 3 项，国家重点研发计划 1 项。农业部续聘现代农业产业技术岗位专家 2 人，综合试验站点 6 个。作为首个在省级层面启动长期基础工作的科研单位，开展了重庆市农作物基因资源普查工作，设立 32 项基础科研项目。

新建杂交水稻育种重庆市重点实验室、重庆市生态循环农业产业技术协同创新中心等科技创新平台 2 个，成功争取到农业部植物新品种测试重庆分中心落户重庆市农业科学院。完成农业部江津农业环境与耕地保有野外观测实验站建设任务，按计划推进西南地区蔬菜科学观测实验站、农村可再生能源开发利用南方科学观测试验站、南方山地生物质能源创新中心的年度目标任务，推进了武陵山、垫江、重庆南繁南鉴蔬菜科研试验示范基地的建设。充分发挥农产品质量安全检测共享平台作用，如期完成全市 10 余个区县生产基地和市场农产品质量安全例行监测工作，出具有效数据 83 720 个和监测分析汇报材料 6 份，完成社会委托样品 2 288 份，检测样品数量明显增长。

审（鉴、认）定新品种 16 项，其中国审（鉴）品种 2 项，获得国家品种权保护 6 项；申报专利 58 项，获得专利授权 36 项；出版专著 6 部，公开发表科技论文 136 篇，其中 SCI(EI) 论文 7 篇。申请登记成果 56 项，成果鉴定 6 项。获省部级科技成果奖励 6 项，其中《长江上游杂交水稻—再生稻高产高效栽培技术机理及模式研究与应用》成果获得重庆市人民政府科技进步一等奖。

Q6 优 28

　　培育的 Q6 优 28 水稻新品种，已通过长江上游区试和生产试验，其品质、抗性、产量均达到国家三期超级稻标准，是近几年长江上游少有的突破性新品种，试验示范基地亩产达 914kg，创当地产量历史新高；培育的特高含油量新品种"庆油 3 号"，国家区试检测含油量 49.96%，创中国冬油菜区油菜品种含油量最高纪录。

　　围绕重庆市粮油、蔬菜、果树、茶叶等主导产业，开展新品种、新技术推广示范，重点示范推广 Q6 优 28、渝糯 7 号、渝香 203 等品种 278 个，转化科技成果 40 项。成果支撑院属企业发展成效明显，重庆云岭茶叶科技有限公司和重庆凯锐农业科技有限公司通过国家高新技术企业审定，科光公司被评为中国蔬菜种业信用骨干企业。援助坦桑尼亚农业示范中心项目取得巨大成功，在 G20 杭州峰会开幕前夕，央视《焦点访谈》栏目以此为成功案例——以中国经验助力非洲发展为主题进行了播报。开展的援助孟加拉国农业技术示范中心项目，已与该国相关部门签订了合作协议。

　　初步构建了涵盖整个种植业产业链的学科体系，水稻、玉米、蔬菜、杂粮、茶叶等传统优势学科得到长足发展，果树、农业机械与工程、农产品质量标准等传统学科得到进一步发展壮大，农业经济、生物技术、农业信息、资源环境、农产品加工等新建学科稳健起步。其中，我院农机学科引进消化德国国际先进技术，创新研发具有自主知识产权的螺旋连续进料系统和车厢式干发酵成套装备等设备，达到国内领先水平。

（二十二）重庆市畜牧科学院

重庆市畜牧科学院始建于 1951 年，是重庆市属公益一类畜牧科研事业单位，系重庆市以畜牧业产前、产中、产后的关键技术和共性技术为主要研究领域的畜牧科学创新中心、国际合作中心和高级科技人才培养基地。院设有养猪科学、动物营养、经济动物、食品加工、草食牲畜、家禽、兽医、畜牧工程、蚕业、畜禽疫病与兽药、草业和生物工程等 12 个研究所，3 个研发中心，与地方政府联建 7 个分院。建有农业部养猪科学重点实验室等部（市）级科技研发平台 29 个。

全院现有在职职工 308 人，具有中高级专业技术职务 192 人，拥有博士 23 人，硕士 104 人。拥有新世纪百千万人才工程国家级人选、国务院特殊津贴专家、农业部现代农业产业技术体系岗位科学家和学术技术带头人等突出贡献专家 29 人。

2016 年全院在研项目 367 项，总经费 2.20 亿元。新增项目 78 项，合同经费 3 746.20 万元。登记科技成果 9 项，获国家授权专利 17 项，发表论文 165 篇（累计影响因子 23.618），出版专著 6 部；获市、区专利资助与奖励 12.31 万元。"荣昌猪品种资源保护与开发利用"获国家科学技术进步奖二等奖；"城口山地鸡种质资源保护与产业化开发（参与）""山羊健康养殖关键技术研究与推广应用"和"加系原种猪引进、联合育种及基因改良核心技术合作研究（参与）"分别获得 2015 年度重庆市科技进步奖二、三等奖。

"科研院校开展重大农技推广服务试点"是农业部、财政部重大农技推广服务试点项目。已构建"科研院 + 区域示范基地（分院）+ 基层畜牧推广机构 + 社会化服务组织（技术超市）+ 畜牧新型经营主体"的服务推广新模式；建立了"科研院校 + 区县畜牧局 + 基层畜牧兽医站 + 企业技术人员"组成的跨部门农业技术推广服务团队。

"人源化抗体转基因动物研究"培育出我国首个人源化抗体转基因小鼠，使我国成为世界上第四个掌握这一重要动物资源的国家；在国际上率先培育出了免疫球蛋白重链和轻链双敲猪；在国际上率先突破 500kb 以上超大片段转基因技术，培育出转人免疫球蛋白轻链 500kb 以上超大片段转基因猪。同时，在成功克隆荣昌猪的基础上，又在国内首次培育出无菌猪。

"遗传性感音神经性耳聋动物模型研究"在国际上首次发现并培育了全世界唯一的听力缺陷疾病的大型高等动物——荣昌猪模型。

"重庆市特色畜禽优势性状基因挖掘与利用"属市应用开发计划项目。确定了控制猪毛色与听力性状的 Mitf 基因、调控猪肉质性状的 miRNA-378 基因、调控山羊乌质性状的 ASIP 基因，发现猪繁殖性状相关 GHSR 基因编码区突变 1 个、鹅繁殖相关 GnIH 和 GnRH 基因内含子和外显子突变 24 个。

"荣昌猪品种资源保护与开发利用"项目获得国家科学技术进步奖二等奖

"microRNA 基因位点在家猪驯化和品种形成中的作用"属国家自然科学基金项目。利用自定义猪基因组序列捕获芯片对 20 个猪种的 miRNA 基因位点进行了高通量靶向测序，在目标区域内发现了大量 SNP；通过功能验证，鉴定了多个影响 miRNA 功能的重要 SNP。发表论文 4 篇，其中 SCI 收录 3 篇；获得发明专利授权 1 项。

全院新入选国务院特殊津贴专家、农业部杰出青年农业科学家、重庆市突出贡献专家 3 名。与西南大学等高校联合培养硕士 13 人、博士 3 人、博士后 3 人。现有省部级创新团队 3 个，院级创新团队 8 个。新建"重庆市肉质评价及加工工程技术研究中心"，完成"普通级猪实验基地""重庆国家现代畜牧业示范区猪营养与环境调控试验基地"等 8 项平台建设项目。农业部养猪科学重点实验室和农业部西南设施养殖工程科学观测实验站在 2016 年"十二五"建设运行评估会中被评为"优秀"和"良好"。年度购置仪器设备 744 台（套），价值 2 834 万元。

举办"2016 年兽药暴露与环境控制国际研讨会"，与加拿大环境部、美国密苏里大学、上海兽医研究所等 16 家高校、科研院所签订"兽药暴露与环境控制国际合作研究中心备忘录"。承办了第七届中国畜牧科技论坛、动物环境与福利国际研究中心 2016 年理事会、中国中蜂产业发展大会、中国草学会青委会学术研讨会、第十三届中国养羊发展大会，参与筹备"智慧畜牧业（亚洲）国际研讨会"。

"人源化抗体转基因动物技术"经第三方评估价值 1 050 万元，成功技术入股重庆金迈博生物科技有限公司；"无菌动物"商业运行权作价 20 万元，以技术许可形式转让给重庆百

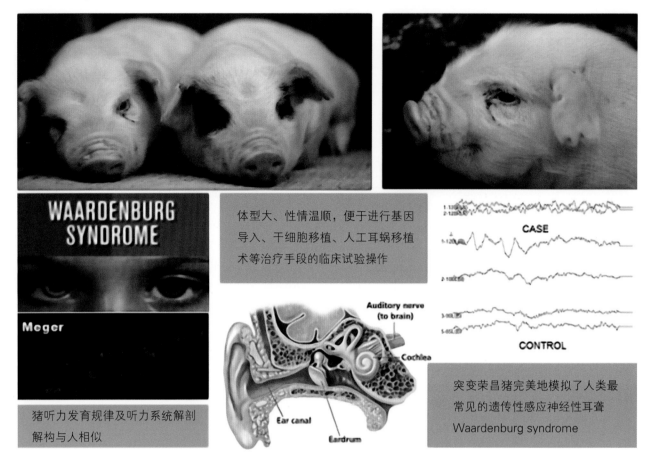

体型大、性情温顺，便于进行基因导入、干细胞移植、人工耳蜗移植术等治疗手段的临床试验操作

CASE

CONTROL

WAARDENBURG SYNDROME

Moger

猪听力发育规律及听力系统解剖解构与人相似

Auditory nerve (to brain)

Cochlea

Ear canal

Eardrum

突变荣昌猪完美地模拟了人类最常见的遗传性感应神经性耳聋 Waardenburg syndrome

荣昌猪遗传性听力缺陷家系的耳聋遗传机制研究

斯达生物科技有限公司；获荣昌区 3 000 万元资助，与荣昌区共建生物高技术公共研发平台，进行科技成果转化。

农业部种猪质量监督检验测试中心（重庆）对云、贵、川、赣、渝等地共计 466 头种公猪进行了生长性能测定和精液产品质量检查。科技部、市科委（科学技术委员会的简称）首批农业众创空间"重牧硅谷·星创天地"，入驻企业达 38 家。"重庆市重牧硅谷科技企业孵化器"获市科委授牌。

培育养殖科技型企业、专业合作社 47 个；帮扶小微企业和养殖大户 191 个；辐射带动农民 69 851 人；举办养殖技术培训班 100 余期，培训养殖户 8 000 余人次。开展科技下乡40 余次，发放科技资料 8 000 余份。拨付专项扶贫资金 52 万元，确保科技扶贫工作的连续性和稳定性。

（二十三）四川省农业科学院

四川省农业科学院前身为 1938 年成立的四川省农业改进所，1964 年正式建制为四川省农业科学院。全院现设作物研究所、土壤肥料研究所、植物保护研究所、生物技术核技术研究所、遥感应用研究所、农业信息与农村经济研究所、分析测试中心（质量标准与检测技术研究所）、园艺研究所、茶叶研究所、农产品加工研究所、水稻高粱研究所、经济作物育种栽培研究所、蚕业研究所、水产研究所 14 个研究所（中心）和服务中心，海南分院 2 个科研服务机构，分别与南充市、宜宾市、绵阳市、攀枝花市联合共建有南充分院、川南分院、绵阳分院、攀西分院 4 个分院；设有办公室、党群处、人事处、科技处、产业处、合作处、条财处、离退休处、审计处 9 个职能处室。

全院现有在职职工 1 209 人，其中专业人员 726 人，管理人员 230 人，工勤人员 253 人；博士 132 人，硕士 258 人，本科 366 人，专科 185 人，其他 268 人；研究员 102 人，副研究员 209 人，助理研究员 271 人，研究实习员 120 人，其他 24 人。

2016 年，我院科研立项和科研经费实现持续稳定增长，科技产出成果丰硕。我院承担国家、部省等各类项目共计 811 项，新上项目 365 项，到位科研经费 1.5 亿元。获国家、部省科技成果奖 22 项，其中国家科学技术进步奖二等奖 1 项；四川省科技进步奖一等奖 1 项、二等奖 4 项、三等奖 10 项（其中技术发明三等奖 1 项）；农业部全国农牧渔业丰收奖一等奖 2 项、二等奖 1 项；上海市、安徽省科技进步奖一等奖各 1 项，山西省科技进步奖三等奖 1 项。全院通过审定（鉴定、认定）的动植物新品种 66 个，审定品种中，国家审定（鉴定）的品种 11 个。申请植物新品种权 21 件，授权 12 件；申请专利 144 项（发明 117 项），授权 77 项（发明 35 项）；发表学术论文 443 篇，SCI 收录论文 45 篇。优质稻新品种德优 4727 入选农业部绿色超级稻新品种，川优 6203、德优 4727、川麦 104、成单 30、荃玉 9 号、川油 36 被评选为农业部主导品种，再生稻综合栽培技术等 5 项技术被评为农业部主推技术，德香

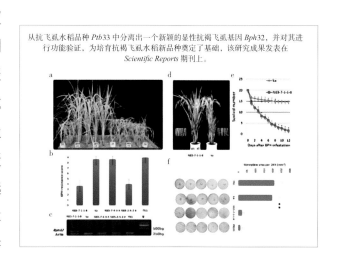

从抗飞虱水稻品种 *Ptb*33 中分离出一个新颖的显性抗褐飞虱基因 *Bph*32，并对其进行功能验证，为培育抗褐飞虱水稻新品种奠定了基础，该研究成果发表在 *Scientific Reports* 期刊上。

简阳市大面积羊肚菌生产示范

航天水稻花香 7 号川中丘区高产示范

4103、成单 30、川麦 104 等 15 个品种被评为四川省主导品种，水稻超高产强化栽培技术等 12 项技术被评为四川省主推技术。

2016 年，全院科技平台建设成效明显。"农业部南方坡耕地植物营养与农业环境科学观测试验站"和"农业部长江上游油料作物科学观测试验站"建设项目获准立项。国家水稻改良分中心二期建设项目通过了省农业厅的验收，正式投入营运，为推动水稻育种技术进步发挥了重要作用。配合农业部，完成了对国家棉花改良分中心二期建设项目的抽检工作，该项目已全面完成建设任务，待正式验收后即可投入使用。完成了国家农业科学实验站四川省布局初设方案上报农业部，初步得到农业部同意，全省共建设 21 个科学实验站，其中基准站 3 个，标准站 18 个，依托我院建设 2 个基准站和 3 个标准站。"食药用菌育种与栽培国家地方联合工程实验室"立项获国家发改委批复，正按照有关程序顺利推进。

原始创新取得重大突破。在水稻抗飞虱基因克隆与功能验证方面，通过生物信息学分析和遗传转化验证方法，从抗飞虱水稻品种 Ptb33 中分离出一个新颖的显性抗褐飞虱基因 *Bph*32，该基因编码一个含有 SCR 基元的蛋白；*Bph*32 在水稻根、叶片、叶鞘、茎、颖壳、花和种子中均有表达，但在褐飞虱浸染 2h 和 24h 后，*Bph*32 在叶鞘中高度表达，叶鞘为褐飞虱飞落和取食的主要部位；*Bph*32 的克隆与验证为抵御褐飞虱侵害提供了一个重要的新基因。通过对水稻航天诱变育种效应及分子机理的研究，建立了"航天诱变 + 基因聚合 + 分子标记辅助选择"水稻航天诱变育种技术体系，并以此创制出具红褐色标记性状的适宜于机械化制种的优质安全高配合力香型不育系——花香 A，并对花香 A 的重要性状及功能基因进行深入解析；同时利用花香 A 配制出系列杂交水稻新品种通过省级审定，通过大面积生产示范，表现出良好的生态适应性和超高的产量潜力，2010—2016 年累计推广应用超过 2 300 万亩，增产粮食 80 万 t，社会经济效益显著。在羊肚菌人工驯化栽培方面攻克了世界性的技术难题，推动了野生羊肚菌大面积商业化生产，种植规模突破 10 000 亩。

（二十四）四川省畜牧科学研究院

四川省畜牧科学研究院的前身系四川省家畜保育所，创建于 1936 年（民国 25 年），先后更名为四川省农业厅畜牧兽医研究所、四川省农科院畜牧兽医研究所、四川省畜牧兽医研究所，1999 年更名为四川省畜牧科学研究院，并沿用至今，是一所具有 81 年悠久历史的公益性研究机构，是国内一流的区域性畜牧科技创新中心和人才培养基地。研究院设有养猪、家禽、养兔、草食家畜、饲料、生物技术、动物营养、兽医和兽药 9 个研究所，建有动物遗传育种四川省重点实验室、畜禽生物制品四川省重点实验室、博士后科研工作站等国家及省级创新平台 22 个；在省畜牧高科技园区、龙泉、简阳和双流建有 7 个具现代化设施设备的科研基地，在全省 20 个市州规模养殖场建立专家服务站 210 家，创办了 3 家科技型企业，形成了较为完善的科技创新、成果转化及科技服务平台。

全院现有在职职工 179 人，其中，高级研究人员 66 人、中级研究人员 65 人，新世纪百千万人才工程国家级人选 1 人，四川省学术和技术带头人 11 人，享受国务院政府特殊津贴专家 10 人，四川省有突出贡献的优秀专家 9 人，博士 24 人，拥有一支专业齐全、创新能力强的高素质人才群体。

2016 年，全院在研项目 203 项（包括新立项 85 项），其中国家级科研项目 19 项，省级科研项目 164 项，其他项目 20 项，完成项目验收 44 项。新上项目中，获国家自然科学基金立项 2 项，其中面上项目、青年基金各 1 项；主持风味猪、优质肉鸡和羊等 8 项省畜禽育种攻关项目，占全省畜禽育种攻关项目总数的 50%。加强科研条件建设，完成动物遗传育种四川省重点实验室及院科研基地 560 万元设施设备升级改造工作；院科技型企业四川大恒家禽育种有限公司作为西南地区唯一首批国家级肉鸡核心育种场，通过国家复核验

川藏黑猪配套系父母代母猪

大恒 699 肉鸡配套系

全环控鸡舍

收。全院设备总数 1 282 台（套），总价值达 6 048 万余元，科研基地规模、设施设备的领先性和创新转化能力位居全国前列。获省科技进步奖二等奖 1 项、三等奖 2 项，获全国农牧渔业丰收奖一等奖、二等奖、三等奖各 1 项。其中，主持完成的"发酵床养猪风险评估及地方黑猪主要疫病防控关键技术研究与示范"成果，获四川省科技进步三等奖；主持完成的"肉用山羊舍饲养殖综合技术研究集成与推广应用"成果，获全国农牧渔业丰收奖二等奖。获授权专利 14 件，其中发明专利 5 件；获软件著作权 1 件；出版著作 6 部，其中主编 2 部；发表文章 139 篇，其中 SCI 40 篇，中文核心 33 篇；编制农牧项目可研报告 4 项。

在基础研究方面，应用高通量测序、全基因组选择、基因芯片等前沿技术，开展地方畜禽品种资源优势特色性状基因挖掘。从基因组水平对肉鸡培育品种、地方品种以及代表性商业品种的系统发生关系进行研究，通过简化基因组测序技术对上述群体进行了群体遗传结构分析；利用超高液相色谱仪进行了乌骨鸡黑色素检测方法及其沉积规律的探索研究；鉴定地方猪肉质相关的功能基因、细胞因子 14 个，揭示了地方猪肉质风味优而生长速度慢的生物特性；完成了无角牛无角候选变异位点的测序及分子鉴定；从基因水平上揭示纤维对初产母兔生殖活动的影响；构建了菊苣高温胁迫前后的差异表达基因 cDNA 文库。

在品种（配套系）培育方面，开展优势特色畜禽新品种（配套系）选育，优质肉鸡、优质风味黑猪、牛羊新品种、优质肉兔的选育均取得了较大进展，为全省畜牧业健康发展提供种源保障。选育的屠宰加工型优质肉鸡进展显著，屠宰加工型配套系腿肌率较白羽肉鸡高出 4.26 个百分点；选育的优质风味黑猪黑色专门化父系，可有效解决三杂优质风味黑猪因毛色分离出现的杂色问题；选育的优质肉兔配套系正在开展第三方性能测定。

在产业技术研究方面，围绕畜产品安全，从疫病防控、饲料营养、环境控制、互联网 + 等多角度开展研究，提高了畜禽养殖业智能化水平和产品安全性。优化设计的种鸡场主要垂直传播疾病的监测与净化技术方案，可将鸡白痢和禽白血病阳性率降到较低水平（0.25% 和 1.05%）；研究提出了苎麻等地方特色资源，在肉兔日粮中的添加比例及利用方式；自主研发的环境控制器可让传统猪舍安装的"湿帘 - 风机"系统进行持续变频运转，性能达国外同类产品水平，而成本降低 30% 以上；开发的"饲草轮作模拟系统（V1.0）"和"标准化牛场 VR 全景虚拟系统"，提高了肉牛养殖业智能化决策水平，实现了生产的可视化。

（二十五）贵州省农业科学院

贵州省农业科学院始建于 1905 年，院本部位于贵阳市花溪区。全院下辖 18 个研究所及职工医院、附属中学，研究重点覆盖水稻、旱粮、果树、蔬菜、花卉、油料、土壤肥料、农业科技信息、畜牧兽医、水产、茶叶、品种资源、中药材、生物技术等 30 多个专业及领域，经过 100 余年的发展，现已成为全省唯一的农业综合型科研机构，为全省农业发展提供科技支撑。

全院现有在职职工 1 370 人。其中，专业技术人员 937 人。正高职称 114 人，副高职称 308 人；博士 84 人，硕士 389 人。

2016 年，全院围绕国家农业科技和贵州现代山地高效特色农业产业发展需求，重点进行了传统种植业提质增效、特色种植业、特色养殖业等农业产业的种质创制、新品种选育，地方特色种质和生态资源发掘，绿色生态高效农业生产、贮藏与加工等方面的科技创新与成果转化。全院新增各级各类科研立项 128 项，合同经费 1.238 亿元。其中，国家自然科学基金项目 11 项，国家重点研发计划任务（三级课题）10 项，农业部项目 2 项。与中国科学院共同主持实施国家基础性科研工作专项任务 1 项。

全院建有国家现代农业产业技术体系 17 个综合试验站，农业部重点学科群 3 个野外科学观测实验站，油菜、马铃薯两个国家种质改良分中心；建有省级工程技术研究中心 14 个，省级工程实验室 1 个，省级重点实验室 1 个；10 个省级现代农业产业体系首席专家挂靠单位；建有南繁育种科研基地，在省内建有 11 个规模科研试验基地。启动农业部植物新品种测试贵阳分中心建设，新增贵州特色农产品辐照贮藏加工工程技术研究中心、贵州省绿色植保技术应用工程实验室建设。

2016 年全院共获省部级以上成果奖励 9 项。其中，

茶叶标准化技术创新基地

多途径创新蔬菜种植模式

高原山地混播牧草地

马鞍型白及组培种茎

全国农牧渔业丰收奖一等奖 1 项，贵州省科学技术奖 8 项。"石漠化治理与草畜配套技术推广"获全国农牧渔业丰收奖一等奖，"10 个国审优质高油分高蛋白杂交油菜品种选育与开发应用"等 2 个成果获省科技进步二等奖；"黔湄系列国家级无性系茶树良种集成推广及产业化应用"等 2 个成果获省科技成果转化二等奖。

2016 年审（认）定水稻、玉米等农作物新品种 27 个次。其中，国审品种 4 个，省审品种 23 个。获授权（登记）知识产权 46 件。其中，植物新品种权 5 个，发明专利 20 件。发表科技论文 500 余篇。其中，SCI 收录 40 篇，EI 收录 3 篇。示范推广水稻、玉米、小麦、马铃薯等主要粮食作物优良品种、技术 205.85 万亩，增长 12.67%；茶叶、油料、蔬菜等经济作物 168.31 万亩，增长 1.6%；优质牧草 6.48 万亩，畜禽 20.38 万育（只、头），增长 8.89%，鱼苗 200 万尾。完成 2016 年度贵州省基层农技推广体系改革与建设补助项目基层农技人员异地集中培训 2 700 余人；农业实用技术培训 2.4 万余人次。

按照贵州省深化科技体制改革部署，以贵州经济社会发展和现代农业产业发展需求为导向，统筹兼顾、资源整合、效率优先，对存在学科明显重复的研究所进行调整和优化，科学界定研究所发展方向和业务范围，合理规划学科发展目标，重点推进作物种质资源、中药材、食用菌、香料调味植物等 15~25 个院级重点学科发展，完整构建现代山地特色高效农业"产前、产中、产后"全产业链科技支撑体系。

利用国家黄壤监测基地，持续开展土壤地力变化规律研究，为良种良法配套及测土配方

耐抽薹白菜标准化示范基地

脱毒马铃薯示范基地

特色香禾原料基地

施肥应用提供了重要理论依据；利用水稻五五精确定量栽培技术与优质水稻品种配套推广，多个品种在兴义国家级水稻超高产示范基地亩产超 1 000 kg，最高亩产 1 042.65 kg；高赖氨酸、耐瘠性强、籽饲兼用型等玉米新品种选育多次获省科技进步一等奖，首次提出西南山区玉米育种"墨瑞×苏兰"新杂种优势模式；围绕特色经济作物，在产业发展关键技术研究方面取得突破，提出 Cd 低积累辣椒品种与 Cd 超富集植物（伴矿景天）间作及治理 Cd 污染土壤技术体系；自主研制植物源农药，实现茶树白粉虱害虫的无害化有效防治，明确了具有明显前体性内吸杀虫活性的化合物及其结构特征；首创珍稀药材马鞍型白及组培种茎生产技术，引领、支撑安龙县建设 1 万亩白及基地和百亿元白及产业发展，核心技术获贵州省专利奖。

（二十六）云南省农业科学院

云南省农业科学院历史沿革可以追溯到 1912 年。1912 年，民国政府在昆明创办了省农事试验场，在蒙自草坝成立现代农业试验所，并建设了我国第一口农村沼气池。1938 年，云南成立稻麦改进所和茶叶改进所。1940 年，省农事试验场并入稻麦改进所。1950 年，省政府组建了云南省农业试验站。1958 年，西南农业科学研究所与云南省农业试验站合并，成立云南省农业科学研究所。1976 年，撤销云南省农业科学研究所，成立云南省农业科学院。目前云南省农业科学院是省政府直接领导的多学科、综合性、公益性、社会性的唯一农业科研机构，承担着云南省全局性、关键性、战略性重大农业科技问题的研究和创新任务，以及紧紧围绕服务"三农"这一根本任务，全力抓好科技创新与成果转化工作，为云南粮食安全、特色农业产业发展、农业生物资源开发、科技扶贫及生态安全作出了重要贡献。全院下设粮食作物、经济作物、园艺、花卉、生物技术与种质资源、农业质量标准与检测、农业资源环境、农业经济与信息、药用植物、农产品加工、国际农业、高山经济植物、热带亚

云南省农业科学院全貌

热带经济作物、甘蔗、茶叶、蚕桑蜜蜂、热区生态农业等 17 个专业研究所，其中昆明有 11 个研究所，其他 6 个研究所分布在楚雄、保山、红河、版纳、丽江等 5 个州（市）。全院学科发展涵盖了种植业主要农业产业和相关农业科研领域。"十一五"期间，根据农业部对全国 1 058 个独立运行的地市级以上农业科研机构科研综合能力评估结果，我院有 6 个研究所进入全国 100 强。

全院现有在职职工 1 671 人，在职专业技术人员 1 315 人，其中正高级人员 224 人，副高级人员 429 人，博士 88 人，硕士 473 人，新世纪国家百千万人才 4 人，云南省科技领军人才（院士后备人才）2 人，国家科技创新领军人才 1 人，"云岭学者"2 人，云南产业技术领军人才 9 人。引进 9 名院士专家合作设立院士工作站，院内 35 名专家获准设立 38 个专家基层工作站。云南省学术技术带头人和技术创新人才 115 人，省委联系专家 23 人，省级团队 10 个，农业部团队 3 个，全国农业科研杰出人才 3 人，引进高端科技人才（含海外高层人才）10 人。全院 29 名专家担任国家农业产业技术体系岗位科学家和综合试验站站长，48 名专家担任省农业产业技术体系首席科学家和岗位专家。

（二十七）西藏自治区农牧科学院

西藏自治区（简称西藏，全书同）农牧科学院是自治区政府直属的综合性农牧业科研单位，1995 年 11 月恢复组建，21 年迅速发展为集农牧业科学研究、技术成果转化、科技合作交流、农牧民科技培训为一体的综合性农牧科研机构。全院下设 8 个职能处室、7 个研究所和 28 个专业研究室。长期以来，西藏自治区农牧科学院紧紧围绕高原农牧业特色产业链，部署人才链和创新链，加快推进高原特色优势学科建设。截至目前，拥有西藏唯一的国家重点实验室，建成青稞育种、粮油作物高效栽培、牦牛繁育、绵羊良种选育与高效养殖、园艺育种与栽培、农产品质量标准与检测等 15 个重点创新团队，其中青稞育种创新团队被认定为国家重点领域创新团队。

全院现有创新人才 340 人，其中享受国务院特殊津贴专家 5 人，高级职称专业技术人员 135 人，博士学位科技人员 10 人，硕士学历科技人员 114 人。拥有国家百千万人才工程科技人员 1 名，自治区学科带头人 12 名，有 5 名科技人员获全国先进工作者荣誉称号，3 名科技人员获国家中青年科学家称号，1 人获"何梁何利基金"科学与技术创新奖，2 人获中华英才奖，2 人获中国青年科技奖。

西藏自治区农牧科学院科技创新园外景

2016 年是"十三五"开好局、起好步的关键之年。全院坚持"创新、协调、绿色、开放、共享"五大发展理念，紧紧围绕区党委、政府的中心工作和"三农"工作重点任务，明确责任担当和具体目标，按照"突出工作重点，体现工作特点，打造工作亮点"的总体工作思路，进一步强化农牧科技创新驱动和支撑发展的重要作用。全院共落实各类项目 232 项，总经费达 3.48 亿元，同比增长 25.2%。获自治区科学技术奖 6 项。农牧科技工作呈现出开局良好、力度加大、重点突出、特点鲜明、亮点增多、进展迅速、成效明显的发展态势，强力支撑了西藏农牧业现代化建设、特色农牧业增效和农牧民增收。

依托农牧业新品种选育重点科技项目，大力推进农作物、畜禽、园艺、牧草、鱼类五大育种攻关。一是青稞基因组学研究取得重大突破。选育出青稞等农作物新品系 32 个，6 个农作物新品种通过审定，为保障全区粮食安全提供了种源支撑。二是主要牦牛类群目标基因克隆与测序等研究取得重要进展。三是野生蔬菜驯化与栽培研究取得重要进展，引进蔬菜新品种 25 个，热带果树品种引进与试种进展顺利。四是在狮泉河镇、那曲镇、羊八井镇建立了牧草新品种选育基地，筛选出适宜于藏西北退化草地植被恢复的野生牧草 14 种。五是开展了雅鲁藏布江中游鱼类资源调查，启动了黑斑原鮡和裂腹鱼种质资源保护与基因技术开发

藏北家庭牧业研究场景

研究专项，繁育高原特有鱼类苗种 20 万尾。

全院围绕自治区农牧业发展的重大目标，大力实施保障粮食安全、推动肉奶增产、增加蔬菜供应、助推精准扶贫、保护高原生态、开发特色农产品、推进农业信息化七大科技支撑工程，推动农牧业科技贡献率大幅提升和农牧民快速增收。一年来，示范推广粮油作物良种及其配套技术 21 项，面积达 106.7 万亩。示范推广畜禽良种繁育、高效育肥、健康养殖等 15 项关键技术，规模达 20 万头（只），提高养殖效益 15% 以上。自主研发了新型智能温室电动栽培水车和营养液加热系统，设施蔬菜生产技术示范辐射面积达 3 万亩，推广栽培白肉灵芝 20 多万袋，建成优质桃资源圃 20 亩和种苗繁育基地 320 亩。研发示范牧草增收关键技术，研制并发布 5 个饲草品种的栽培技术规程，获得专利 4 项，完成天然草地改良 1 924 亩、草地补播技术示范 2 200 亩、草场灌溉技术示范 200 亩，建立人工种草示范基地 9 980 亩。启动实施了农产品加工技术研制与产品开发科技重大专项，研制了 11 个农产品，申请专利 3 项。一年来，在全区范围内的科技成果转化应用累计新增产值 2 亿元，有力推进了农牧民大幅增收和精准脱贫。

省部共建青稞和牦牛种质资源与遗传改良国家重点实验室已获得国家科技部批准建设。

青稞新品种"藏青 2000"示范推广面积突破 100 万亩

西藏自治区农牧科学院蔬菜所蔬菜无土栽培示范

目前，全院拥有重点实验室 6 个，其中国家重点实验室 1 个，工程技术中心 2 个，质检中心 2 个，国家级科技园区 1 个和实验基地（站）20 个。拥有百万元以上仪器设备 11 台（套），大型仪器设备 277 台（套）。建立了国家现代农业产业技术体系 11 个综合试验站和 2 个青稞栽培科学家岗位以及 25 个科技示范基点。

大力推进"百名创新人才计划"和人才引进专项的实施，引进急需人才 20 名和高层次人才 2 名。选派"三区"人才 203 人。国家创新人才培养示范基地获批建设。博士后科研工作站和中国农业科学院研究生院西藏分院工作成效显著，进站博士后 6 名。与西藏农牧学院深度合作，达成联合培养急需人才合作协议。按照"学科集群 – 学科领域 – 研究方向"三级学科体系框架，进一步推进八大学科集群、70 个学科领域、200 个研究方向的特色学科体系及其创新团队建设，为推进农牧科技创新提供强有力的人力资源保障。

重点实验室

（二十八）青海省农林科学院

青海省农林科学院始建于 1951 年，2000 年 11 月整建制划归青海大学，是青海省唯一从事农林业研究的省级综合性科研机构，属于独立法人事业单位。在科学研究方面拥有作物育种栽培（含旱地农业）、春油菜、生物技术、园艺、植物保护、土壤肥料、林业和野生植物资源 8 个专业研究所；在科研平台方面拥有国家农作物种质资源复份库、农业部植物新品种测试（西宁）分中心、国家春油菜改良分中心等 7 个国家级科技创新平台；农业部西宁农业环境科学观测实验站、农业部作物基因资源与种质创制青海科学观测实验站、农业部春油菜科学观测实验站等 6 个；国家级科学观测实验站、农业部现代农业产业体系建设岗位 4 个、省级重点实验室 7 个、省级农牧业科技创新平台 5 个、省级研究开发中心 2 个、服务资质 4 项。在人才培养方面拥有作物学一级学科为硕士、博士学位授权点，并且作物遗传育种学科获国家重点学科（培育）。在学术交流方面拥有公开发行学术刊物《青海农林科技》1 种。

全院现有职工 225 人，其中各类专业技术人员 189 人，专业技术人员中硕士以上人员占 54%，副高以上人员占 55%；有享受国务院政府特殊津贴专家 6 人、国家百千万人才工程人选 2 人、国家"万人计划"青年拔尖人才 1 人、全国优秀科技工作者 2 人、青海省自然学科与工程技术学科带头人 17 人、青海省"高端创新人才千人计划"8 人。

2016 年，全院新上项目 40 项，其中国家重点研发专项 4 项，国家自然基金 7

人才培养

制种花期

青薯 9 号田间长势

项，较 2015 年增长 36%，自然基金立项数和资助经费为历年最高。到账科研经费 4 613 万元，较 2015 年增长 13.1%，全院人均科研经费达 24.4 万元。

2016 年，全年获省级科研成果 24 项，获省科技进步三等奖 2 项。发表 SCI 论文 4 篇，荣获省自然科学优秀论文奖 7 篇，申请获批专利 3 个，审定农作物新品种 12 个。年内共举办学术报告 23 场，举办青年科技论坛 1 次，成立院学术委员会青年专业委员会并举办青年学术沙龙 2 次。

在科研团队建设方面，获批第七届全国优秀科技工作者 1 人，享受国务院政府特殊津贴 1 人；获批第十一批青海省自然科学与工程技术学科带头人 2 人；入选 2016 年青海省"高端创新人才千人计划"10 人。引进博士研究生 3 人，硕士研究生 2 人。依托对口支援平台，通过委托培养或选送 6 人攻读硕博学位。目前在读博士 26 人，硕士 3 人。

在科研平台建设方面，2016 年新购置价值 1 347 万元的仪器设备 169 台（套），使得 10 万元以上大中型仪器设备数量由原来的 48 台（套）增加到 64 台（套）。7 000 m² 的作物遗传育种实验楼（青稞分中心）开工建设，国家油料改良分中心二期、作物基因资源与种质创制青海科学观测实验站等 3 个建设项目基本完工，作物有害西宁科学观测实验站完成招标，300 m² 的青海大学农科院农产品加工中试基地已搬迁使用；青藏高原生物技术重点实验室通过教育部评估，取得良好成绩。

作物遗传育学科在冷凉农作物新品种选育方面取得了良好的成绩，促进了青海农作物品种的更新换代和农业增产，有力地推动并支撑了油菜、马铃薯等支柱产业的发展。基础研究方面，构建了春油菜、青稞、马铃薯等 3 种作物的遗传图谱，定位了早熟、高产、抗逆等优异性状的基因或 QTL，开展了春油菜、马铃薯、春小麦、枸杞等作物的转录组学和蛋白组学研究。

（二十九）宁夏农林科学院

宁夏（宁夏回族自治区简称宁夏，全书同）农林科学院成立于 1958 年，经过几代科技人员的不懈努力，已建立起了具有明显区域特色和一定优势、能够基本适应和满足全区农业和农村经济发展的农业科技创新体系。全院设办公室、纪律检查委员会（与监察审计处合署办公）、科研处、科技成果转化与推广处、对外科技合作与交流处、人事处、计划财务处、离退休职工服务处 8 个职能处（室）及机关党委；动物科学、枸杞工程技术、荒漠化治理、农业生物技术研究中心、农业经济与信息技术、植物保护、农产品质量标准与检测技术、种质资源、农业资源与环境、农作物等 11 个公益性研究机构。另外，还有宁夏农林科学院园艺研究所、宁夏农林科学院银北盐碱土改良试验站、宁夏科苑农业高新技术开发有限责任公司和宁夏科泰种业有限公司 4 个国有独资企业，宁夏农林科学院畜牧兽医研究所（有限公司）和宁夏农林科学院枸杞研究所（有限公司）2 个股份制企业及院服务中心。

全院现有职工 2 121 人，其中，在职职工 869 人、离退休职工 1 252 人。在职职工中，事业单位 469 人，转制科技企业 366 人，服务中心 34 人。事业编制人员中，有正高级职称 87 人，其中正高二级 12 人；副高职称人员 166 人；博士 23 人，硕士 225 人；入选"百千万人才工程"4 人，自治区"313 人才工程"20 人，自治区国内引才"312 计划"2 人，自治区"塞上英才"1 人；享受国务院、自治区政府特殊津贴专家 17 人；院一、二级学科带头人 24 人；自治区科技创新奖获得者 3 人；自治区特色产业首席专家 9 人；高校特聘研究生导师 15 人。

2016 年，全院组织申报国家及自治区各类项目 264 份，其中国家重点研发计划项目（课题）21 项、国家自然科学基金项目 53 项、自治区各类项目 190 项。获批项目 110 项，其中国家重点研发计划项目（课题）5 项、农业部农产品质量安全监管专项 4 项、国家自然基金项目 8 项。国家重点研发计划"黄土梁状丘陵区林草植被体系结构优化及杏产业关键技术研发"课题启动实施，水稻、小麦育种进入国家农作物育种专项。全年到位科研项目经费 1.09 亿元（包括科技创新先导资金）。

在科技创新与产业技术攻关研究方面，组织实施各类科研项目 419 项，其中主持和参与国家项目 77 项，自治区育种专项 6 项、一二三产业融合发展科技创新示范项目 11 项，科技创新先导资金项目 79 项，自治区科技攻关项目 31 项。各项目紧紧围绕农业"转方式、

调结构"和"1+4"产业发展需求,协同开展基础研究、共性关键技术研发和技术集成创新示范,取得了阶段性成效。

通过引进特异种质资源、配置杂交组合、鉴定高代稳定品系的方法。2016 年,花 123、J304 等 5 个新品系完成了审定程序,宁粳 51 号、宁粳 52 号、宁薯 16 号、宁单 31 号通过自治区品种审定。天宫二号搭载了小麦、水稻、马铃薯等 7 类作物 11 个品种 200.68g 种子,拓宽了育种手段。与北京市农林科学院国家农业信息化工程技术研究中心签订了《金种子云平台使用和技术服务合作协议》,推动了信息技术在动植物育种中的应用,提高了育种效率。

聚焦优质粮食、马铃薯、草畜、枸杞、葡萄、瓜菜等特色优势产业发展和生态建设,推进 12 个一二三产业融合发展科技创新示范项目实施,以农业结构调整、农机农艺融合、耕地质量提升、农业废弃物资源化利用、循环农业发展、物联网技术应用等为重点,建立 35 个示范园区,统筹衔接基础研究、重大关键与共性技术研发、集成创新示范 3 个层次,取得了初步成效。

围绕优质粮食、草畜、瓜菜、枸杞、葡萄等特色优势产业以及生态修复、农田质量提升、农产品质量安全等领域,强化顶层设计,组织实施了 79 项先导资金项目。研究确定了具有自主知识产权的内酰胺类抗生素骨架结构,得到了 15 个重要中间体化合物,在 3 个重要化学合成反应研究方面取得突破。

以国家科技支撑、行业专项、自然科学基金、产业体系试验站以及自治区农牧厅、科技厅科技攻关与示范项目为抓手,开展基础研究和技术创新示范,支撑了特色优势产业提质增效和转型升级。

全院组织申报 2015 年度自治区科技进步奖 15 项,获科技进步奖 7 项,其中二等奖 2 项,三等奖 5 项,"肉羊高效养殖综合配套技术示范与推广"获全国农牧渔业丰收奖,

"中药材枸杞资源研究与特色产品开发"获全国科技工作者创新创业银奖。全院组织申报2016—2017年中华农业科技奖2项、何梁何利奖1项；取得科技成果54个，发布国家标准1项，农业行业标准2项，制（修）定的55项地方标准完成了会议审查，待颁布实施；申请专利49件，授权32件（其中发明专利6件、实用新型24件、外观专利2件）、软件著作权4件；审定自治区品种7个（宁粳52号、宁单31号、宁薯16号、宁亚22号、宁葵杂8号、宁葵杂9号、宁葵杂10号）；获植物新品种保护权1个（小麦N2038），申请植物新品种保护5个。出版专著2部，发表论文255篇，其中SCI1篇，影响因子为5.2，标志目前我院基础研究水平迈上新台阶，EI2篇，核心论文141篇。

落实院学科建设发展规划，制订了学科建设年度实施方案和创新团队年度工作计划，起草了院创新平台"十三五"发展规划；3个自治区创新平台和13个基础条件建设项目通过自治区验收，9个创新平台通过专项绩效评估。申报自治区基础条件建设项目10项，获批2项，获批资金60万元；获自治区知识产权局专利补助资金6万元；组织申报自治区科技创新团队6个，创新平台1个，创新团队人才专项10个，马铃薯育种与栽培技术研究创新团队考核获优秀等级，获奖励50万元；国家枸杞工程技术研究中心获自治区创新平台人才专项补助200万元；8个自治区重点实验室、工程技术研究中心获自治区科技创新发展专项资金230万元。银川市枸杞国家林木种质资源库和国家小麦育种创新基地建设项目获批。组织大型学术报告会53场。

（三十）新疆农业科学院

新疆（新疆维吾尔自治区简称新疆，全书同）农业科学院创立于1955年，是自治区人民政府直属的综合性农业科研机构。全院现有粮食作物研究所、经济作物研究所、园艺作物研究所等17研究所（中心）、1个分院（伊犁分院），10个试验场站。在职职工989人，其中，专业技术人员849人，正高级职称111人、副高级职称242人、硕士及以上学位的人员437人，博士51人，中国工程院院士1名，国家级有突出贡献专家7名，享受政府特殊津贴专家52名，国家级"百千万人才工程"5名，自治区优秀专家51人次。

建院以来，新疆农业科学院力于解决全区农业生产中的全局性、方向性、关键性重大技术问题，不断深化科技体制改革，调整科研方向与布局，优化学科结构，逐步形成区域特色鲜明、具有竞争实力的10个优势学科和25个重点专业。"十一五"以来，共执行各类科技项目1 798项，经费总额8.42亿元。获得各种成果奖励138项，其中获省部级二等奖以上奖励82项，3人获自治区科技进步奖突出贡献奖。审（认）定新品种194个；发表学术论文2 310篇，其中SCI/EI收录116篇；获得授权专利464件，其中发明专利149件。

全院有28人进入国家现代农业产业技术体系，建有国家级区域重点实验室、国家现代农业科技示范区、国家棉花工程技术研究中心、国家野外观测站、国家果树种质资源圃、农业部棉花、甜菜、大麦改良分中心，农业部部级检验测试监测中心、科技部国际科技合作基地、国际玉米小麦改良中心（CIMMYT）新疆小麦试验站、自治区重点实验室、自治区育种家基地、海南三亚农作物育种试验中心等国家、部委、自治区各类科技平台112个。

全院与世界30多个国家以及10多个国际组织和农业研究机构建立了广泛的科技合作关系，是新疆最早被国家科技部授予"国际科技合作基地"称号的科研单位，连续24年保持自治区级文明单位称号。

2016 年，全院共执行各类科技计划项目542 项，在研项目合同经费 3.08 亿元；作为主持单位获自治区科技进步奖 6 项，成果鉴定 7 项，其中 2 项达到国际先进水平；授权专利共 89 件，其中，已授权发明专利 21 件；组织申请及发布地方、企业标准 47 项；通过自治区农作物品种委员会审定的新品种9 个；全年发表 SCI/EI 文章共 19 篇。

2016 年，全院 2 个农业部区域性重点实验室和 7 个科学观测实验站全部顺利进入农业部"十三五"建设名单，同时，新增 1 个区域性重点实验室"农业部西北绿洲农业环境重点实验室"（试运行）。

2016 年在全疆示范推广各类作物品种（系）131 个、综合栽培技术 80 项，品种及配套栽培技术面积 3 469.23 万亩，推广各类农机装备 4 200 台（套），召开现场（观摩）会 447 次，参加人数 4.8 万人次，举办各类培训 500 余场次，培训乡村干部、技术员和农民 7.6 万人次（未含访惠聚科技服务和科技知识进村入户服务），发放各类技术资料 12 万份。

(三十一)新疆农垦科学院

新疆农垦科学院始建于 1951 年,前身是新疆军区二十二兵团建立的农业试验场。新疆农垦科学院是新疆生产建设兵团直属的省级综合性科研事业单位,为正厅级建制。1959年,兵团以试验场为基础成立农林牧科学研究所(简称兵团农科所)。1969 年,兵团农科所在"文化大革命"中被撤销。1973 年成立兵团农业科学研究所,1979 年改称新疆农垦科学研究院,1983 年 3 月升格为师级建制,1984 年 1 月更名为新疆农垦科学院。农垦科学院位于新疆石河子市。现有作物研究所、畜牧兽医研究所、机械装备研究所、棉花研究所、林园研究所、农田水利与土壤肥料研究所、农产品加工研究所、科技信息研究所、生物技术研究所、分析测试中心及《新疆农垦科技》《绿洲农业科学与工程》2 个编辑部,院下属 1 个试验农场及农业新技术推广服务中心、新疆科神农业装备科技开发有限公司等 16 家国有和国有控股科技企业。

全院现有在职职工 329 人,其中中国工程院院士 2 名,享受国务院特殊津贴专家 36人,正高级职称 53 人,副高级职称 115 人,博士 30 人,硕士 164 人。有新疆兵团绵羊繁育生物技术国家地方联合工程实验室等 6 个由国家部委命名的实验室、培育基地、科学观测站以及 3 个兵团工程技术中心。有兵团级重点实验室 4 个,兵团种质资源库 1 个。2013 年加入中国科学院联盟。

2016 年,全院获项目立项 65 项,到位经费 8 452.67万元。"棉花生产全程机械化关键技术及装备的研发应用"项目获得国家科学技术进步奖二等奖;获兵团科技进步二等奖 1 项,中国专利奖优秀奖 1 项,自治区专利奖二等奖 1 项,三等奖 1 项;省级审定农作物新品种 3 个;获授权专利 106 件(发明专

国家科学技术进步奖二等奖

利 62 件）；备案地方标准 5 件；发表文章 185 篇，其中 SCI/EI 15 篇，核心刊物 135 篇。承办全国省市科学院第三十二次院长／书记联席会暨全国科学院联盟理事会第五次全体会议。

2016 年，全院组织了 30 个科技特派员"专家服务团队"在兵团 11 个师 30 个团场和部分自治区县、乡（镇）实施科技服务和科技

实验室批复

推广，累计实施专家服务团队服务 153 次，服务天数 3 441 天；引进推广农牧业新品种 227 个，示范推广新技术、新成果 155 项，示范辐射面积达 236.5 万亩；技术培训、田管现场会 206 场次，累计培训人员 14 410 人次。协助团场编写项目建议书、规划和基本建设项目 26 项，提供农事安排、田管技术要点和专家建议 162 项，制订农牧业生产技术规程 283 项。2016 年新疆农垦科学院获兵团科技特派员工作先进集体。

在学科建设方面，围绕全院优势学科研究方向，构建引领型学科发展的学科群。目前已初步形成绵羊遗传改良与健康养殖学科、农业机械装备制造及农业机械工程学科、农作物育种与栽培学科、农田水利与土壤肥料学科等学科群。

培育的植物保护学科建设工作已显成效。新增国家、兵团等各类科技计划项目 6 项，累计到位经费 255 万元；科技服务与企业横向项目 4 项，累计经费 24.9 万元。与中国农业科学院植物保护研究所、新疆农业科学院植物保护研究所共同签署了"科技协同创新行动协议书"。顺利完成克拉玛依市农业园区的病虫害测报工作；与兵团 184 团签订了植保科技战略合作协议，制订了全团现代植保体系建设规划及实施方案；承办了首期兵团团场职工植保知识与技能提升培训班；建立了兵团植保学科团队。

省部共建绵羊遗传改良与健康养殖国家重点实验室获得批复，实现了新疆生产建设兵团国家级科研基地零的突破。我院将以首个国家级重点实验室建设为契机，围绕区域发展的战略布局与区域特色开展高水平基础研究和应用基础研究，通过产出高水平基础研究和应用基础研究成果，积极参与区域发展和产业升级，为兵团、国家绵羊遗传改良、繁育和健康养殖事业的发展和升级提供技术支持及创新动力。

　　公益性行业（农业）科研专项"残膜污染农田综合治理技术方案"在地膜污染分等定级研究取得明显进展，初步形成地膜残留污染农田的分等定级草案，明确了区域地膜残留污染基本状况（长期覆膜农田）；农田残膜机械化回收技术取得重大突破，针对新疆棉田农田残膜回收特点，形成了 2 套残膜回收新模式，分别在第一师、第六师、第八师、第十三师进行了示范应用；在环境保护型降解膜研究方面取得阶段性成果，开发出的降解地膜具有开始降解时间可控性强且 2~3 年内完全降解、使用性能与聚乙烯地膜基本相同、亩均综合使用成本低的特点，目前降解膜在部分区域及对应作物已展开规模化推广；节约型覆膜技术研究取得显著成效。出版专著《环境友好型农业国际经验借鉴》1 部，发表论文 25 篇，其中 EI 收录 10 篇；制定地方标准 3 项；授权专利 28 项，其中发明专利 7 项；培养在读研究生 18 人；开展培训 8 次，累计培训人员共 819 人。

　　国家科技支撑计划项目"机采棉高效生产关键技术研究与示范"引进国内外资源 3 500 份，筛选出适宜机采性状的优异种质资源 36 份；创制育种亲本材料 22 份；建立了导入系创制育种资源及培育新品种技术体系，完善了常规方法结合分子标记辅助选择育种技术体系；育成新品系 105 个，审定新品种 5 个；研发出棉花质量在线智能检测、控制系统，建成 9 条机采棉智能化生产线，并在 8 个棉花加工厂进行应用；取得 2 个自治区级新产品证书，建立自走式 3 行型国产化采棉机生产线 1 条。课题执行期间累积推广审定品种的种植面积为 225.5 万亩。高产高效综合集成技术示范面积 63.7 万亩。建立科研团队 4 个，培养研究生 40 余名，培训农工 17 350 人次；获得授权专利 59 项，编制技术规程草案 4 项，制定地方标准 4 项，提交 1 项行业标准，制定技术规范 1 项，发表学术论文 107 篇。